航天科技图书出版基金资助出版

多星协同自主任务规划理论及应用

陈占胜 成 飞 崔本杰 著

中国宇航出版社

·北京·

图书在版编目（ＣＩＰ）数据

多星协同自主任务规划理论及应用 / 陈占胜，成飞，
崔本杰著 . -- 北京：中国宇航出版社，2022.4

ISBN 978 - 7 - 5159 - 2047 - 4

Ⅰ.①多… Ⅱ.①陈… ②成… ③崔… Ⅲ.①人造卫
星－卫星控制 Ⅳ.①V474

中国版本图书馆 CIP 数据核字（2022）第 047379 号

责任编辑 王杰琼　　　**封面设计** 宇星文化

出　版 **发　行**	中国宇航出版社			
社　址	北京市阜成路 8 号　邮　编　100830	**版　次**	2022 年 4 月第 1 版
	（010）68768548		2022 年 4 月第 1 次印刷
网　址	www.caphbook.com	**规　格**	787×1092
经　销	新华书店	**开　本**	1/16
发行部	（010）68767386　　（010）68371900	**印　张**	12
	（010）68767382　　（010）88100613（传真）	**字　数**	292 千字
零售店	读者服务部　　　　（010）68371105	**书　号**	ISBN 978 - 7 - 5159 - 2047 - 4
承　印	天津画中画印刷有限公司	**定　价**	78.00 元

本书如有印装质量问题，可与发行部联系调换

航天科技图书出版基金简介

航天科技图书出版基金是由中国航天科技集团公司于 2007 年设立的，旨在鼓励航天科技人员著书立说，不断积累和传承航天科技知识，为航天事业提供知识储备和技术支持，繁荣航天科技图书出版工作，促进航天事业又好又快地发展。基金资助项目由航天科技图书出版基金评审委员会审定，由中国宇航出版社出版。

申请出版基金资助的项目包括航天基础理论著作，航天工程技术著作，航天科技工具书，航天型号管理经验与管理思想集萃，世界航天各学科前沿技术发展译著以及有代表性的科研生产、经营管理译著，向社会公众普及航天知识、宣传航天文化的优秀读物等。出版基金每年评审 1～2 次，资助 20～30 项。

欢迎广大作者积极申请航天科技图书出版基金。可以登录中国航天科技国际交流中心网站，点击"通知公告"专栏查询详情并下载基金申请表；也可以通过电话、信函索取申报指南和基金申请表。

网址：http：//www.ccastic.spacechina.com

电话：(010) 68767205，68768904

序

  航天任务的复杂化和应用场景的多样化，给遥感卫星技术的快速发展和广泛应用带来巨大的机遇和前所未有的挑战，如何利用有限的星上资源执行复杂繁重的空间任务备受关注。随着卫星载荷能力不断提升，响应时间要求不断缩短，卫星自主与协同任务规划研究越来越引起人们的重视。同时，在轨卫星数量日益增多，遥感器类型复杂多变，各种观测能力交织，多种观测形式并存。在此发展趋势下，陈占胜研究员及其团队经过多年研究积累，总结多年卫星任务工程经验，完成了本书的撰写。

  多星自主任务规划问题的实质是在综合考虑星地资源和卫星任务要求的基础上，自主地将有限的资源分配给相互竞争的多个任务，排除不同任务之间的资源使用冲突，实现资源的最大化利用，保证任务的完成度。其主要解决的问题是，在规划的时间范围内，星上可自主地对多颗卫星的任务进行统一调度、规划和管理，在满足相关约束的前提下，对各成员卫星之间的任务冲突进行消解，安排各自对相应目标的成像观测任务。

  围绕上述多星自主任务规划特征，本书贴近工程实际，提出了多星协同星地一体任务管控架构，星地、星间功能及信息流论证清晰，全面分析了自主任务规划的功能约束及面向多星协同的具体场景，详细阐述了综合引导态势信息处理、多星多场景成像任务规划、数据传输任务规划的技术理论和算法，最后给出系统方案及仿真系统工程实现案例。本书是作者及其团队在多年开展卫星领域研究并取得的成果基础上撰写的，紧密围绕当前多星协同领域的理论实践，因此具有较强的工程参考价值。

  本书选题新颖，紧扣多星协同研究热点，紧跟当前互联、协同、智能化的航天发展方向，多星协同在理论和实践上具有重要意义，框架清晰且论述翔实，理论新颖且紧贴工程实际，既有理论方法的系统阐述、严格论证，又有典型实例的仿真分析。和同类出版物相比，本书具备新颖性和工程性，反映了航天应用领域的新思想和新理论，可作为航天相关专业本科生、研究生、工程技术人员的参考书。

2021 年 10 月 28 日

前　言

多星协同是未来卫星任务的主要发展方向，其体现于组网或编队任务中，不同类型或者相同类型载荷分布在多颗卫星上，多星通过星间网络互联交互协同，具有信息获取时间连续性好、频次高、空间范围广的特点。多星协同可弥补传统单星单载荷体制的短板，其中包括信息获取方式单一、信息片段化等。多种载荷从不同空间维度和特征维度刻画了目标的不同属性，支持多维度载荷信息的在轨融合和不同任务的有效衔接，从而实现搜索、定位、识别、连续观测等任务的高效执行。相较于传统单星平台，多星协同具有更好的冗余性、鲁棒性和效费比。

当前基于天地大回路的卫星管控模式依赖于地面站，任务获取、数据采集、数据产品生成的时间链条长，因此在信息时效性、紧急任务响应、多星协同调度等方面存在不足。同时，随着星座与编队协同观测等多星任务场景的迅速发展，在轨自主的多星协同已成为主要关键技术之一。多星协同自主任务规划可以使卫星不再完全依靠地面的控制指令，能够根据动态实时的观测需求、态势环境和卫星在轨运行状态实现星上在线规划，在轨生成动作指令。卫星的自主性秉承从自动、自治到自主的发展过程，从以简单、固化的软件流程、指令序列完成既定任务发展到卫星能够根据地面编排任务、星上自主生成任务、自主调配星间任务、自主管理星地、星间链路。在此背景下，本书在作者及其团队多年工程经验的基础上，围绕"在轨自主"和"多星协同"（自主体现单星功能，协同需要两个或者两个以上的卫星个体，利用星间链路，通过信息共享的方式，协同一致地完成某一观测任务）两个关键词，以突发事件为应用背景，从星地一体的总体架构出发，考虑工程实际约束，基于多源信息态势处理和任务规划求解两条技术主线，对面向多星协同任务的在轨自主任务规划理论及应用展开论述。

基于多星协同自主任务规划分解流程，本书内容共分为 9 章。第 1 章为本书的引导篇，主要概述多星协同系统的基本特点，给出协同及自主任务规划的研究现状及现阶段存在的问题及挑战。第 2～5 章为多星协同任务篇，主要围绕突发事件应用任务开展任务分析。第 2 章对星地一体任务管控与自主协同流程进行介绍，论述星地任务分工、管控流程、协同机制。第 3 章主要介绍自主任务规划功能、约束与模型，梳理各处理过程任务、卫星、地面站和环境的约束模型。第 4 章通过对协同任务的分析，给出协同任务的描述方式、星上任务分解和处理过程。第 5 章讲述一种星上数据处理方式——综合引导态势信息处理，是多星协同自主任务规划的具体优势体现。第 6 章和第 7 章为任务规划篇，重点介绍多星任务规划的模型建立与求解，主要是对多约束多目标的突发事件进行任务优化。第 8 章为发展建议篇，探索性地给出了当前人工智能的研究热点方法——强化学习在自主任务规划领域的应用。第 9 章为多星协同自主任务规划验证篇，主要是基于前几章的内容建立多星协同数字效能仿真验证模型。

在本书撰写过程中，除本书作者外，伍国威、王壮、郑峰、仲惟超、范凯、朱晨聪、汪伊婕、慕忠成、段雨潇、黄益新、隆翔宇、崔晓光、陈艳红、吴限德、吴白轩、赵坤、陈昊等人对书稿的相关技术积累、撰写和整理给予了大力支持，张建刚、舒适、何海燕、秦冉冉等人对推动撰写工作起到了重要作用。本书参考了大量的文献资料，在此向所有本书中引用文献的作者们表示感谢。

多星协同自主任务规划研究是一项探索性工作，希望本书能起到抛砖引玉的作用。书中难免存在不妥和有待完善之处，敬请广大读者和同行专家学者批评指正。

作　者

2021 年 9 月于上海

目　录

第 1 章　绪　论

1.1　遥感卫星任务规划

遥感（remote sensing），从广义来说是指各种非接触、远距离的探测和信息获取技术；狭义地说，遥感主要指从远距离、高空及外层空间的平台上利用可见光、红外、微波等探测仪器，通过摄影，扫描，信息接收、传输和处理等方式，从而识别地面物质性质和运动状态的现代化综合探测技术，其具有探测范围广、获取信息速度快、周期短、受地面限制条件少、传输信息量大等特点。通过遥感的方式并结合信息处理手段，可以获得大量的目标遥感信息，这些信息为研究与决策提供了重要保障。目前，遥感技术在资源普查、海洋监测、灾害防治、气象预报、军事探测等诸多领域都发挥了重要作用。遥感问题主要涉及两类具体的对象，即观测者和被观测目标，其中任何一方都可能有多个成员。在本书中，观测者是遥感卫星，被观测目标是地球表面的各类地物。遥感卫星绕地球轨道运行，通过其携带的各类有效载荷采集覆盖范围内的目标信息，实时或事后执行数据处理，传回地面进行应用。遥感卫星采集到的信息对农业、工业、科研和国防等领域都有着重要的意义。

遥感卫星任务规划是指在满足各种约束限制和资源承载能力的前提下，为遥感卫星安排尽可能多的观测任务，并将其逐一分配至星上资源的时间窗口中。遥感卫星对地观测任务规划就是在目标特性、卫星有效载荷特性、卫星平台能源、姿态、存储及测控等多种约束条件下，依据一定的优化准则，确定卫星任务工作序列、工作模式及地面资源的工作计划，实现卫星及地面资源的优化分配，从而达到满足用户需求和资源有效利用最大化的过程。遥感卫星任务规划具有信息种类多、信息量大和约束条件复杂等特点，在任务规划过程中随着时间增长呈现出明显的组合爆炸特性，是一种复杂的组合优化问题。当进行任务规划时，需要根据卫星的种类、执行任务的类别建立与卫星种类或任务种类对应的规划模型及求解算法。不同任务的卫星工作模式不同，会导致任务规划时具体的约束条件有所不同，不同任务规划的目标也存在差异。约束和优化目标的不同，使得对应的规划模型和求解算法不具备通用性，因此产生了各种类型的任务规划模型和求解算法。

1.1.1　任务规划模型

卫星任务规划问题，按照用于执行任务的卫星数量来划分，可分为单星任务规划和多星任务规划。在早期的卫星任务规划问题研究中，由于卫星数量少，研究重点主要是基于单星的任务规划。随着航天技术尤其是卫星应用技术的发展，无论是民用上还是军事上，对使用遥感卫星的需求都越来越大。如何解决多用户、多卫星、多任务条件下的卫星系统资源优化、星地资源配置，充分发挥卫星系统能力，已成为当前的研究热点。

对于单星规划问题，Bensana 等[1]针对 SPOT5 卫星任务的近 20 个典型性问题建立了整数规划模型，并在模型中考虑了储存器容量限制。Vasquez 和 Hao[2]将 SPOT5 规划问题转化为 0 - 1 背包问题，并依据背包问题理论构建了约束满足模型。Bianchessi 和 Righini[3]针对单个 SAR（synthetic aperture radar，合成孔径雷达）卫星，通过建立涵盖数传、存储等约束的约束满足模型，进而对其任务规划问题展开研究。此外，Zhu 等[4]提出了一种新的敏捷地球观测卫星（agile earth observing satellite，AEOS）任务规划算法，该算法对传统混合整数线性规划（mixed integer linear progromming，MILP）方法进行了改进，在规划过程中考虑了最小的回转角和最高优先级等指标。张正强等[5]使用 PDDL（planning domain definition language，规划领域定义语言）对卫星自主任务规划问题进行建模，建立起基于时间、资源等约束的通用约束满足模型。

对于多星任务规划模型，NASA（National Aeronautics and Space Administration，美国国家航空航天局）的 Globus 等[6]研究了多星联合调度问题，在建立模型时考虑任务优先级、卫星最小侧摆角、多设备等约束，建立起多星成像规划的约束满足模型。王远振等[7]构建了多星-地面站调度的 Petri 网模型，利用时间着色反映系统的调度进程。贺仁杰等[8]考虑任务聚类预处理，建立起约束满足问题模型，该模型结构层次清晰，能够精确描述约束模型。张正强等[5]在解决多卫星自主任务规划问题时，将多卫星看作由多个 Agent 构成的分布式系统，并提出基于合同网协议的冲突消解任务规划模型。赵萍和陈志明[9]在求解 Pendulum 编队卫星任务规划模型时采用改进的离散粒子群算法，同时把星上自主任务规划系统按功能进行模块化，建立起编队卫星在轨自主任务规划系统的总体框架。顾中舜[10]把卫星任务规划问题当作并行时间窗口问题，采用运筹学知识建立混合整数规划模型。姜维等[11]讨论了任务的三种协同工作模式，并考虑风险要素来解决多星任务自主规划问题。

1.1.2　任务规划求解算法

任务规划求解算法主要是求解任务规划中已建立的任务规划模型。对于卫星任务规划模型，通常会设置约束条件和优化目标，此时规划求解问题变为在给定约束条件下，寻找规划方案使优化目标最佳。优化目标有单目标优化和多目标优化，优化目标可以是任务收益最大、资源代价最小、任务完成数量最多、规划风险最小等。

在求解卫星任务规划模型时，求解算法通常可以分为确定算法和不确定算法两大类，小规模问题（卫星任务较少）一般采用确定算法，当问题规模较大时，一般采用不确定算法，不确定算法主要包括搜索算法和启发式算法。任务规划求解算法如图 1 - 1 所示。

卫星规划求解是一个 NP（non - deterministic polynomial，非确定性多项式）- Hard 问题，不确定是否在多项式时间内找到答案，但能在多项式时间内验证答案是否正确。大多数研究采用启发式算法或者其他智能优化算法进行求解。Perea 等[12]在研究卫星对地观

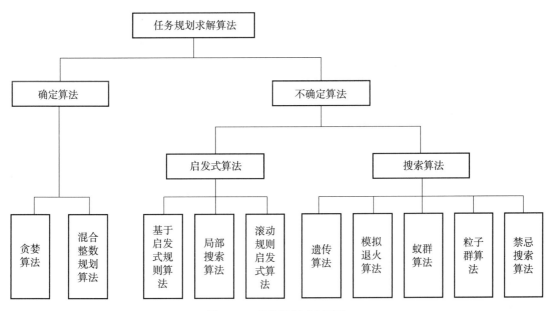

图 1-1 任务规划求解算法

测任务的覆盖区域采集规划问题时，讨论了贪婪随机自适应搜索过程构造阶段的有效性，给出了启发式算法与精确算法比较的计算结果。Lemaître 等[13]在研究敏捷卫星的任务规划问题时，通过对局部搜索算法、贪婪算法、动态规划求解算法和约束规划算法的比较，得出了完全搜索算法效率比较低，但适用性和灵活性较强的结论。Bensana 等[1]研究 SPOT5 卫星规划问题时，在问题规模不同的情况下，对比了动态规划、深度优先搜索等算法的计算性能，结果表明：当问题规模较小时，完全搜索算法可以高效地找到最优值；当问题规模较大时，禁忌搜索算法可以在合理时间求得满意解。Tangpattanakul 等[14]提出了一种基于指标的多目标局部搜索（indicatior-based multiobjective local search, IBMOLS）方法，用于解决敏捷地球观测卫星选择和调度观测的多目标优化问题，并对 IBMOLS 和有偏随机密钥遗传算法（biased random key genetic algorithm，BRKGA）的结果进行了比较。结果表明，IBMOLS 具有较好的可行解，并且计算时间相对更短。Lee 等[15]在研究 SAR 卫星星座探测问题时，通过最小化系统响应时间对星座运行进行优化，提出了一种基于遗传算法的优化模型，达到了减少系统响应时间的目的。

　　求解算法需要根据卫星自身特点、任务需求的规模和构建的模型确定。启发式算法设计简单，求解速度也比较快，可以求解大规模问题。但是，启发式算法适用范围有限，针对不同的任务类型需要设计不同的启发式规则。搜索算法可分为普通搜索算法与智能优化算法。普通搜索算法设计过程简单，求解速度快，但容易陷入局部最优，搜索效率也比较低，且不同问题需要设计不同的搜索规则。智能优化算法应用领域广，具有并行搜索功能，效率高，可以求解大规模问题，但其易出现早熟，通常设计组合智能算法可避免单智能优化算法的缺陷。

1.1.3　任务规划发展趋势

随着航天任务的复杂化，应用场景的多样化，以及集成电路、微电子技术和信息技术的快速发展，遥感卫星技术发展迅速，通过多颗遥感卫星协同可以完成传统复杂大卫星难以实现的空间任务，甚至替代越来越复杂的大卫星[4]。为了能够更充分地利用星地资源并提高任务规划效率，需要在卫星系统中建立更加智能化的卫星任务规划系统。从信息获取角度而言，多颗观测卫星构成分布式多源异构载荷对地观测系统最突出的优点在于克服了单一卫星观测能力的不足，从而提供信息融合所需的丰富信息源。单一遥感载荷的时空覆盖范围和分辨率有限，而且不同遥感载荷的观测能力各有不同。例如，可见光相机具有较高的分辨率，成像质量较高，但受天时和天气的限制，在夜晚和天气状况较恶劣时不能获取信息，或获取信息的质量很差；微波遥感的最大特点是不受日照和云雨气象的限制，具有全天时全天候遥感的能力，而且对某些地物有一定的透视能力。此外，各种目标通常具备多种特征属性，而单一遥感仅能探测其部分特征，这使得在各种环境因素的影响下，卫星获得的信息不完整、不精确和不可靠，也就不能为目标识别提供充分的信息。采用多个不同类型的遥感卫星，实施分布式协同观测，能够以多尺度的时间、空间、谱段分辨率获得多时段、多重空间覆盖、多谱段、多极化的目标特征信息[16]。这些信息能够相互验证和互补，减少了对目标特征理解的不确定性，增加了特征提取的全面性和精确性。通过适用的多源信息融合理论和技术，可达到对目标的综合感知，大幅度提高识别能力、定位精度、状态和行为的判断及预测能力。另外，由多颗卫星组成的对地观测系统，其自主协同观测能力还可以建立更加精确的观测环境模型，避免繁杂的地面支持、无用数据的采集和观测时机的丧失等。

当前，卫星系统运行的大部分指挥控制指令，如轨道机动、姿态变换、能源调度、数据下传等，都是由地面测控系统发出的。多数卫星任务采用时间程序驱动的方式，遥感数据也几乎完全由地面处理，卫星观测系统自主性相对比较弱。由于未来对空间信息获取的需求大幅度增加，大规模星座任务的快速兴起，所执行的空间观测任务复杂程度越来越高，多星协同工作模式应运而生[17]。目前，尽管自主协同运行模式的实现面临着诸多困难和阻力，但是这种新的运行模式已势不可当，其凭借更高性能、更低费用，以及更好的容错性、可靠性、可重构性和可升级性的特点将成为未来卫星系统的主要运营模式。

1.2　多星协同自主任务规划技术

1.2.1　卫星协同自主等级

多星协同自主任务规划技术主要应用于多用户、多星、多任务的场景，利用自主和协同关键技术，突破了以地面为主的传统任务规划模式面临的局限，将原先由地面系统承担的规划、控制等功能转移到星上，提升卫星的智能化能力，实现复杂航天任务的智能规划，进而对目标进行大范围、全天候、全天时连续观测，完成目标发现即确认的响应过程[18]。基于上述多星协同自主任务规划的技术特征，卫星协同自主等级可以按照协同自主程度由低到高划分为以下八个等级。

等级 1：地面规划全指令链上注。等级 1 包括对地观测任务、星间数据交互任务、星地载荷数据数传业务等在内，从任务规划到指令编排全部由地面完成，并在卫星过境时通过测控链路上注到星上。

等级 2：地面规划动作脚本上注。地面任务规划得到的卫星动作采用脚本语言（动作流程）进行描述，由星载计算机将卫星动作脚本解释为指令并执行。

等级 3：地面规划有效任务要素上注。地面任务规划解决任务分解、冲突取舍等大规模计算问题，并将目标要素（如地理位置、观测时间）上注到星上，星载计算机在无须考虑不同任务之间的时间、资源冲突的情况下，对接收的目标要素进行分析计算，得到完成观测任务的指令序列。

等级 4：仅地面上注目标位置的星上自主规划。地面仅提供目标位置信息，星上自主任务规划系统完成任务时间窗口计算、多窗口冲突消解，并完成指令序列生成等过程。

等级 5：既定目标的星地联合规划。地面针对既定目标进行任务规划得到初始动作编排结果，并将初始规划结果上传到星上。星上自主任务规划系统一方面将初始规划结果解释为指令并执行；另一方面卫星根据运行状态和观测需求的变化情况对初始规划结果进行修改，以适应新的观测需求，消解运行过程中的冲突。

等级 6：星上自主目标发现的任务动态规划。单星或多星的观测目标信息不仅来源于地面上注，还来源于星上自主实时发现、网外星间链路分发等，星上自主任务规划系统完成全部任务规划到指令编排过程，对实时添加的新任务具有更强的滚动规划、动态调整的能力。

等级 7：具备星上实时态势驱动的自主任务规划。星上具备态势感知与综合处理能力，能够对星上自主发现、网间传输的目标信息、环境感知信息、自身状态信息进行实时在轨处理，并根据目标特征属性和变化做出动作级、任务级的自主决策。

等级 8：具备星上自主任务生成能力的自主任务规划。卫星在具备对来源于外部数据和自主发现目标的实时新增任务滚动规划能力基础上，还能够根据长期历史执行任务记录自主学习任务的共性特征，归纳典型高频任务区域，自动生成观测任务并执行。

本书主要针对等级 5、等级 6、等级 7、等级 8 开展相关研究。

1. 2. 2 多星协同任务类型

卫星对地观测任务可以划分为常态化普查任务、信息保障任务和应急任务。其中，常态化普查任务、信息保障任务主要是面向用户提出的信息需求，通过建立目标库，对库中目标进行周期性覆盖，获取连续处理结果，掌握全球或局部目标变化规律，为各级决策提供信息保障支持[19]；应急任务主要面向无预测、紧急的危机情况，需要能够快速响应用户请求，满足任务要求。

结合具体卫星应用任务[20]，选取区域综合观测和目标搜索两类多星协同观测任务，对其进行划分，得到 8 种典型的卫星协同任务：区域无线电态势感知、区域图像态势感知、多星载荷数据回传、区域周期性巡查、目标综合巡查、多星多载荷互引导观测、多星多载荷综合观测、多星多载荷接力观测[19]，如图 1-2 所示。

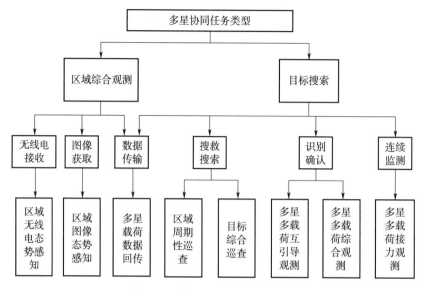

图 1-2　典型多星协同任务类型

上述 8 种任务的特征描述如下。

（1）区域无线电态势感知

无线电接收载荷具有宽视场的信号接收能力，能够即时发现、捕获重要目标的无线电发射源信号，进而通过基于特征库的信号比对，识别出重要目标的身份信息，最终形成广域目标无线电发射源分布态势图。相关搜索手段有电磁探测、AIS（automatic identification system，船舶自动识别系统）、ADS-B（automatic dependent surveillance broadcast，广播式自动相关监视）接收机等。区域无线电态势感知可归结为区域无线电接收任务。

（2）区域图像态势感知

该类型任务成像载荷视场较宽，通过卫星姿态快速机动多次成像进行多区域覆盖，或通过多星成像后图像拼接，可对较大范围进行图像获取。同时，可以通过在轨图像处理快速检索目标，形成基于外形几何特征的目标分布态势信息。通过快速目标检索计算和主要特征提取，光学载荷可在较大范围内准确实时地发现、捕获目标，并获取其主要几何特征。区域图像态势感知可归结为区域目标成像任务。

（3）区域周期性巡查

区域周期性巡查任务重点关注特定区域，如远海、海峡、港口、机场等特定区域，主要有两类观测任务：一是实现区域的详查，可归结为固定区域多载荷聚焦成像任务；二是快速更新多区域态势。成像载荷包含可见光、红外、SAR 等手段，各手段在任务时段、气象环境适应性方面各有差异，同一体制装备在分辨率、频段等指标也各不相同。区域周期性巡查可归结为多点成像任务。

（4）目标综合巡查

目标综合巡查主要针对移动目标，其中海上护航，通常在远离岸基观测系统支援的范围之外展开。要保障海上护航任务，需要以编队内部的无线电接收、声呐等手段，以及外部的卫星等远程信息支援系统，共同构成海上护航告警体系，形成船舶周边目标综合态势。目标综合巡查归结为移动目标聚焦任务。

（5）多星多载荷互引导观测

多星多载荷互引导观测重点实现区域海空目标的识别问题，即在发现目标的基础上，尽可能在短时间内完成目标的精确识别，涉及多星/多手段引导配合。目标多星多载荷互引导观测可以针对单一目标，也可以针对多个目标，当移动目标多集群成批次出现且无线电接收载荷发现多个目标时，可以分别引导不同的卫星/载荷进行多目标的成像识别。因此，多星多载荷互引导观测可以归结为广域搜索发现实时引导多载荷多目标成像任务。

（6）多星多载荷综合观测

多种载荷对目标/区域进行综合观测，可以从多维度对目标进行描述和认知，通常应用于特征丰富的目标。在此模式下，卫星在引导信息和先验信息的支撑下进行区域内的目标快速检测和识别，对星上处理结果进行融合，在轨形成目标确认信息。不同载荷能够反映目标不同的特性：高分辨可见光可获得目标明显的几何特征；无线电接收可全天候全天时获得目标的电磁特性；高光谱可获得目标的光谱特性，区别目标真伪，并将其背景信息区别开；红外可获得目标的热状态和运动状态，分析态势发展情况；面阵成像可连续监测，获得目标的运动方向，分析态势发展情况。多星多载荷综合观测可归结为多载荷聚焦成像任务。

（7）多星多载荷接力观测

为了提升随时应对行动能力，需要对过往的移动目标实施高频观测，连续监测定位及识别目标，快速形成态势。通过星间接力，对目标进行长时间连续监测或间歇性监测，可进行无线电接收连续观测、成像监测。多星多载荷接力观测可归结为动目标无线电和成像接力监测任务。

（8）多星载荷数据回传

多星载荷数据回传为载荷数据传输环节。多星协同系统在成像卫星对目标成像或进行多星多目标成像后，通常会提取图像中的地物、船只、区域切片数据，执行图像或信号的在轨实时处理，得到对切片数据的特征描述。成像卫星将切片数据连同特征描述信息一同打包，经星间链路传输至对应卫星，进行集中汇集处理，得到对特定区域或全球范围的高级描述和认知。

1.2.3 多星协同自主任务规划问题与挑战

当前遥感卫星技术的快速发展和广泛应用给多星协同自主任务规划带来了巨大的机遇，同时也带来了前所未有的挑战，主要体现在：第一，在轨卫星的数目日益增多，遥感器的类型逐渐变得复杂，能力变得多样，从原有单一分辨率到多种分辨率并存、从单一的观测形式（如对地成像等）到多种观测形式（如立体观测、持续监视、实时监视等）并存；第二，用户信息服务需求日益增长，使得观测需求的数目、复杂程度日益增多，观测目标更多样化，观测范围更广泛，信息服务的时效性更高。

多星协同自主任务规划要解决的问题是在规划的时间范围内，星上可自主地对多颗卫星的任务进行统一调度、规划和管理。在满足相关约束的前提下，对各成员卫星之间的任务冲突进行消解，安排各自对相应目标的成像观测任务。具体来说，多类型卫星联合任务规划，就是确定使用何种类型的哪几颗卫星，在哪些时刻，以何种模式，对特定的观测任务，进行多长时间的观测，并在何时向哪个地面接收站传输数据的问题。然而，在实际的卫星任务规划过程中，多星分布式协同任务规划将面临如下挑战：

1）观测任务请求的突发性：卫星在实际运行过程中，观测任务请求是突发出现的，合理处理已生成的规划方案与随机到达的观测任务请求之间的关系，平衡观测方案质量与求解效率是非常复杂的，而在多星协同条件下，卫星之间的关系加剧了问题求解的复杂性。

2）信息的不一致性：环境信息指天气情况及是否存在可观测目标，是卫星进行自主规划决策的基础和依据。在多星分布式条件下，受动态网络拓扑因素的影响，各卫星维护的环境信息不一致，如果仍然采用原有方法进行自主规划决策，将可能出现任务冲突，导致任务执行效率降低，甚至不能完成任务。

3）通信的复杂性：只有当卫星进入数传资源的覆盖范围内才可建立通信链路，但由于卫星的高速运动，使得通信链路的切换动态变化。除此之外，由于通信干扰、延迟、带宽受限等因素，很多情况下无法保证卫星之间建立实时有效的通信。因此，分布式协同任务规划要在复杂的通信条件下确保系统的可靠性和鲁棒性。

面对上述挑战，研究有效的多星协同自主任务规划方法，使得多颗卫星能够基于各自状态信息和所处环境进行自主规划与决策，形成整体协同的观测方案，保证系统中多颗卫星的整体观测效益最优，是本书的研究重点和关键。

1.3　本书的主要内容和安排

全书逻辑架构如图 1-3 所示。

本书内容分为 9 章，各章节内容安排如下。

第 1 章为绪论。概述了多星协同系统的基本特点，给出了协同及自主任务规划的技术现状及现阶段存在的问题及挑战。

第 2 章为卫星管控与自主协同流程。首先分析星地任务管控分工，介绍星上和地面的功能包络及管控流程；进一步阐述四种协同机制，提出一种分层协作的多星协同组织形式，将在轨分布式卫星系统划分为多个规划星簇，借助星间链路、中继星等通信载体，使

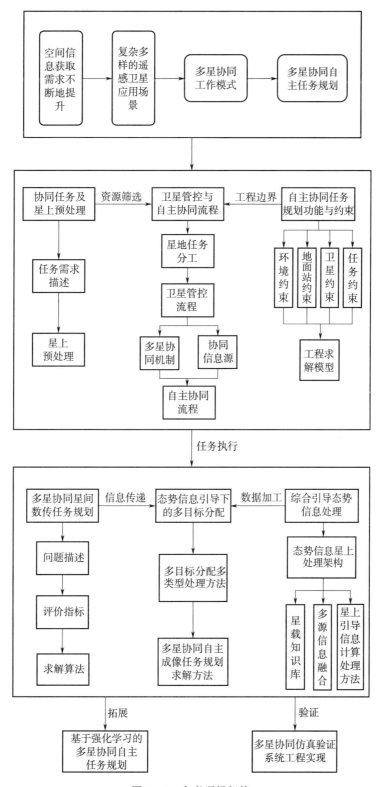

图 1-3　全书逻辑架构

星簇内、星簇间获得分层任务规划所需的各种信息，用于星簇内自主任务规划、星簇间的高层任务协同；最后详细梳理网络传输的信息交换内容，涉及的所有信息可分为四大类：任务类、态势类、卫星类、网络资源类。本章内容作为后续论述的框架基础。

第 3 章为多星协同自主任务规划功能、约束与模型。针对多星协同自主任务规划的功能需求，本章给出了自主任务规划功能架构，一般有五部分功能：任务采集与地面目标动态管理、星地资源及环境动态管理、复杂任务星上预处理、多星任务规划、卫星任务解析规划；全面梳理任务规划各处理过程涉及的各类约束：任务约束、卫星约束、地面站约束、环境约束等；介绍自主任务规划求解模型：可见时间窗约束计算模型、星载地理信息系统模型、卫星运行环境模型等。在自主任务规划要求下，将任务规划流程转换为多资源、多任务、多时间窗口、多目标和多约束的组合优化问题。

第 4 章为协同任务及星上任务预处理。协同任务是指形成一个标准化的数据接口，用于支持星上获取来自地面或星间关于任务的时间域、空间域、用户域、目标域、优先级等多维属性。本章介绍星上协同任务预处理流程、任务最佳观测资源匹配、可见时间窗计算、基于环境及约束的裁剪、环境模型、星上载荷数据量预估等方案及方法。以上复杂任务描述、分级及预处理方案将作为后续星上任务规划的重要前提和基础。

第 5 章为星上综合引导态势信息处理。多星协同自主任务规划系统中有多种类型的卫星，如无线电接收及宽幅成像卫星可主动搜索区域内的目标，执行成像任务规划前，可能遇到地面目标数量非常多的情况，并且引导源多批次送出的目标可能会有重复或虚警情况。传统的成像任务引导算法中，每颗成像星在约束条件下逐一对目标进行成像判断，而后安排成像任务，使得协同效能较低，故而可在引导成像之前，将不同感知源发现的相同目标进行融合处理，产生目标的位置聚类、多维信息融合、航迹生成等高级认知，进而为后续成像任务规划提供重要的信息支撑。本章以多源信息融合理论为基础，介绍星上态势处理的顶层架构，引入目标融合区、缓存区、丢弃区的概念，对多星、多载荷发现的多源目标信息进行集中处理，并给出算法和仿真。

第 6 章为态势信息引导下的多目标分配。多目标多载荷分配优化算法是在一个规划周期内，根据一个或多个成像载荷当前的状态和备选任务的相关属性，对目标-载荷配对的众多组合进行合成、择优、优化。本章探讨基于星上实时目标引导队列的多目标分配优选问题，并对大区域分解、成像接力任务规划进行了系统性的方法和算法分析研究。

第 7 章为多星协同星间数传任务规划。本章主要研究多星对多星多通道在轨数据接收的调度问题，通过合理调度方案，实时交互任务指控和反馈信息，在轨进行多星之间高速数据任务规划自主调度，解决了地面任务调度面临的计划调度周期长、管控链条长、时效性欠佳等问题，提高了多星系统的时效性。

第 8 章为基于强化学习的多星协同自主任务规划。本章详细分析卫星任务规划问题涉及的变量、约束和求解目标，阐述强化学习的思想及强化学习对卫星任务规划问题的适用性，构建了基于强化学习的星地一体化任务规划模型完善框架，结合强化学习的基本方法与先例经验，制定卫星任务规划（包括单星及多星）的典型场景与强化学习可用的仿真环境之间的转换规则。以单星/多星近场多目标观测任务规划工作场景为实例，本章开发基于 Python 3 平台的仿真环境，在本研究的模型自完善框架下，应用强化学习算法作为模型的训练算法，验证强化学习的适用性；并以传统的贪婪算法为对照，展示其应用于卫星任务规划问题的适用性。

第 9 章为多星协同仿真验证系统工程实现。本章针对多星协同星上及仿真验证系统开展设计，阐述仿真验证系统的研究现状及效能评估方法，给出多星协同仿真系统的设计思路、仿真模式、系统组成、层次结构及工作流程，从人机界面和程序逻辑等方面给出场景仿真系统的模块设计，介绍基于前几章基础的多星协同星上仿真验证系统的工程实现。

本书源于工程实际，着眼于未来，解决多星任务规划技术在全球资源普查和局部地区突发性事件的应急观测中存在的问题，为未来多星协同自主任务规划提供了一个解决方案，可为以后卫星任务规划相关研究提供重要依据。另外，我国航天事业随着卫星技术的发展，将人工智能技术应用于多星协同任务规划领域是必然趋势，针对多星协同自主任务规划技术的研究具有重要意义。

参 考 文 献

[1] BENSANA E, LEMAITRE M, VERFAILLIE G. Earth observation satellite management [J]. Constraints, 1999, 4 (3): 293 - 299.

[2] VASQUEZ M, HAO J K. A "logic - constrained" knapsack formulation and a tabu algorithm for the daily photograph scheduling of an earth observation satellite [J]. Computational Optimization and Applications, 2001, 20 (2): 137 - 157.

[3] BIANCHESSI N, RIGHINI G. A mathematical programming algorithm for planning and scheduling an earth observing SAR constellation [C] //Proc of the Fifth International Workshop on Planning and Scheduling for Space, 2006.

[4] ZHU X, WANG J, QIN X, et al. Fault - tolerant scheduling for real - time tasks on multiple earth - observation satellites [J]. IEEE Transactions on Parallel and Distributed Systems, 2015, 26 (11): 3012 - 3026.

[5] 张正强, 陈健, 郭建恩. 面向存储资源优化的遥感卫星任务规划算法 [J]. 计算机工程与应用, 2011, 47 (30): 246 - 248.

[6] GLOBUS A, CRAWFORD J, LOHN J, et al. A comparison of techniques for scheduling earth observing satellites [C] //AAAI, 2004: 836 - 843.

[7] 王远振, 赵坚, 聂成. 多星地面站设备优化调度方法研究 [J]. 计算机仿真, 2003 (7): 17 - 19, 54.

[8] 贺仁杰, 高鹏, 白保存, 等. 成像卫星任务规划模型、算法及其应用 [J]. 系统工程理论与实践, 2011, 31 (03): 411 - 422.

[9] 赵萍, 陈志明. 应用于卫星自主任务调度的改进遗传算法 [J]. 中国空间科学技术, 2016, 36 (6): 47 - 54.

[10] 顾中舜. 中继卫星动态调度问题建模及优化技术研究 [D]. 长沙: 国防科技大学, 2008.

[11] 姜维, 郝会成, 李一军. 对地观测卫星任务规划问题研究述评 [J]. 系统工程与电子技术, 2013, 35 (9): 1878 - 1885.

[12] PEREA F, VAZQUEZ R, GALAN - VIOGUE J. Swath - acquisition planning in multiple - satellite missions: an exact and heuristic approach [J]. IEEE Transactions on Aerospace and Electronic Systems, 2015, 51 (3): 1717 - 1725.

[13] LEMAÎTRE M, VERFAILLIE G, JOUHAUD F, et al. Selecting and scheduling observations of agile satellites [J]. Aerospace Science and Technology, 2002, 6 (5): 367 - 381.

[14] TANGPATTANAKUL P, JOZEFOWIEZ N, LOPEZ P. Biased random key genetic algorithm for multi - user earth observation scheduling [J]. Springer International Publishing, 2015 (580): 143 - 160.

[15] LEE J, KIM H, CHUNG H, et al. Genetic algorithm - based scheduling for ground support of multiple satellites and antennae considering operation modes [J]. Aeronautical & Space Sciences,

2016，17（1）：89－100.

[16]　刘韬，陈双．"黑杰克"之"赌台官"自主任务系统进展［J］．国际太空，2020（12）：32－37.

[17]　李菲菲，胡敏，武曦，等．"黑杰克"项目动向及应用前景分析［J］．中国航天，2020（9）：57－61.

[18]　陈占胜．浦江一号卫星的创新与实践［J］．上海航天，2016，33（3）：1－10.

[19]　伍国威．多星协同的星载自主任务规划技术研究［D］．上海：上海卫星工程研究所，2019.

[20]　郑峰．多星自主任务规划技术研究［D］．上海：上海卫星工程研究所，2020.

第 2 章　卫星管控与自主协同流程

多星协同系统需要完成的任务种类日趋多元化，通常包括复杂地表态势快速感知、目标多星多载荷综合观测以及运动目标的持续观测。同时，多星协同任务的来源除了原有的地面指令外，还有其他卫星系统引导信息生成的任务，以及基于观测结果、卫星内部和外部状态等动态态势自主生成的星内任务。传统以地面为主的单一任务规划架构已经无法完全适应当前多星协同系统，亟待提出一种基于任务驱动的自适应星上自主联合任务规划架构。

多星协同卫星自主任务管理架构的主要设计目标是在传统的完全由地面运控任务规划模式基础上，大幅度提升星上自主任务规划能力[1,2]，充分发挥不同载荷分布在多颗卫星上的优势，获取时间连续性好、频次高、空间范围广的多源异构信息，进行多种载荷信息的在轨融合，提高任务执行效能。本章首先分析星地任务的管控分工，给出星上和地面的功能包络及管控流程；其次分析比较多种系统架构，选择一种分层协作的多星协同组织形式，将在轨分布式卫星系统划分为多个规划星簇，借助星间通信载体，使星簇内、星簇间可以获得分层任务规划所需的各种信息，用于星簇内自主任务规划和星簇间的高层任务协同。

2.1　星地任务分工

在传统卫星自主任务规划中，地面负责对卫星任务进行统一规划，将其结果上注至卫星，形成"一步一动"的规划策略。但对于时效性高的任务，这种方式限制了任务探测效率，因此本书提出星地一体化的多星协同自主任务管理架构，如图 2-1 所示，其中包括卫星系统功能包络和地面系统功能包络。地面系统主要对任务进行仿真推演，在仿真参数约束下得出任务编排结果；卫星系统根据该规划方案进行在轨自主任务规划，将其性能评估结果反馈至地面进而对规划算法进行优化，对指标、参数进行调优、修订。

卫星系统中主要包含两种卫星——任务规划星和执行成员星，任务规划星起到任务更新、分配与任务单元生成的作用，主要服务于搭载各种载荷的执行成员星，荷载种类包括红外、可见光、SAR 等[3]。地面系统主要进行用户任务的地面任务编排、卫星和数传资源筹划、任务规划模型完善、星地数据管理分析，场景仿真、推演与评估。

（1）卫星系统功能包络

1）接收地面上注任务：任务以目标要素（如经纬度）、时间要素（如任务起止时刻）、状态要素（如工作的载荷选择、传输通道选择）等方式描述，星上具备动作解析及指令生成能力。

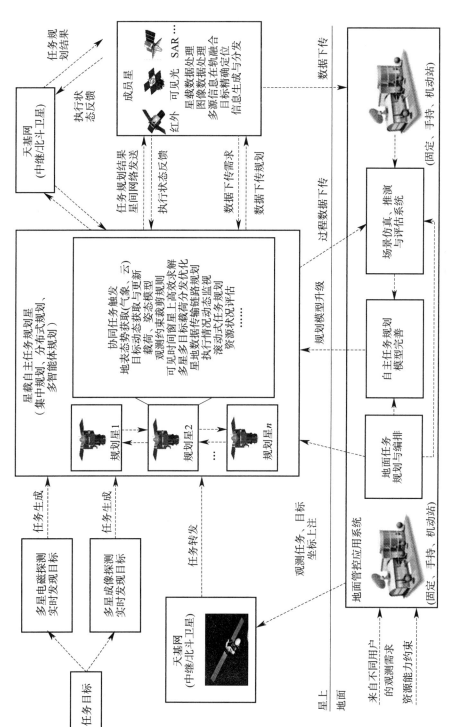

图 2 - 1　星地一体化协同架构

2）接收星间转发任务：任务转发由卫星中继、其他星间链路分发等完成。

3）星上自主生成任务：基于观测结果或星间引导信息生成新任务。

4）卫星群动态调整与规划：根据当前实际态势信息，增加、删除或替换某一星簇的执行成员卫星，并生成规划星交接传递时序。

5）星间信息传递与同步能力：多星系统各卫星之间通过星间网络、中继网络等进行任务传递、态势同步和规划结果分发。

6）复杂任务分解与预处理：对地面上注的任务、实时发现的目标、外部信息的引导、在轨自主生成的任务等进行复杂任务分解、观测约束匹配、时姿参数求解和观测约束裁剪等。

7）自主发现目标：在轨卫星上的无线电接收载荷、成像载荷实时搜索发现目标并提取目标。

8）协同任务规划：以集中规划、分布式或多智能体规划形式，根据在轨实时发现的目标，对已有地面上注任务进行插入、删除、优选等重规划，可执行成像协同、数据传输协同任务。

9）任务执行结果融合：进行载荷数据融合，得到更高精度、更全面的信息。

10）态势数据传递和同步：在星群和地面系统之间按需传递、实时共享卫星系统状态数据、任务执行状态数据及外部环境状态数据等。

11）单星指令链规划：单星接到任务后执行指令链级规划，执行动作分解、载荷开关机时序、工作模式设置，执行参数设置等具体事项的单星任务规划。

12）多星系统执行状态返回：多星系统可将规划后的结果通过星间通信发送给对应的执行卫星，执行卫星记录任务执行过程涉及目标、卫星平台、载荷工作情况等信息，并连同任务完成情况，一同返回给任务规划主星及地面。

13）星上任务规划模型完善：包含依据地面数据驱动的自主任务规划自完善系统、进行模型升级完善的接口。星上接收地面上注的任务规划模型参数、更新星上模型，或根据星上态势信息，自主调整任务规划模型的相应参数。

（2）地面系统功能包络[4]

1）针对用户任务的地面任务规划：地面根据不同用户的观测需求、资源约束等进行已知任务的任务规划，并将目标要素（如地理位置）上注到星上。

2）执行卫星和数传资源筹划：针对用户提出的任务，结合天基卫星系统能力，智能推荐任务的执行卫星群。考虑地面数传接收资源分布情况，规划数传窗口分配方案。

3）任务规划模型完善学习：以多星在轨任务执行过程中的大量数据为基础，通过各种数据处理与分析方法，提取参数配置、规划策略与方案设计等的经验信息，进行任务规划模型自主完善，提升智能化观测水平。

4）星地数据管理分析：能够存储星上、地面规划结果数据，星上遥测数据，地面仿真数据，并分析、提取、学习数据知识，为任务规划模型学习提供训练样本。

5）场景仿真、推演与评估：将地面任务规划结果、多星在轨自主任务规划结果带入可视化仿真系统中，进行任务推演，验证任务规划编排及执行正确性，最后计算综合收益率，评价规划算法优劣，评估任务规划结果的收益是否为最优。

2.2　卫星管控流程

卫星管控系统首先对任务进行分级，按层级递进划分为用户任务、一级任务和二级任务[5]。用户任务直接与用户需求对接，是任务的高级描述，如目标类型、位置、时间要求、频度、任务类型等；一级任务是系统对用户任务需求分析后形成的可由规划星执行的任务，按照性质可划分为普查任务、详查任务和紧急任务，按照复杂程度可划分为简单任务和复杂任务；二级任务是由一级任务经过分解可由单颗执行成员星自主分解成各个分系统开关机时序指令链的任务，包括对地观测任务、星间数据交互任务、星地载荷数据数传业务等[1,6]。一级任务经星上任务规划，可自主生成二级任务及可执行指令链。任务层级划分如图 2-2 所示。

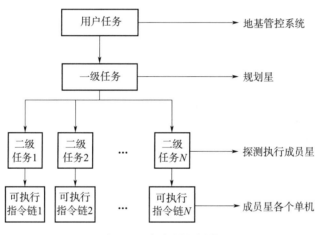

图 2-2　任务层级划分

卫星自主任务管控架构参与的部分包括规划星、探测执行星、地基管控系统、地面站网和天地基资源库[7,8]，系统的具体组成和交互如图 2-3 所示。

具体交互环节如下所述。

1）地基管控系统受理用户任务需求，基于地基资源库对需求进行分析，生成一级任务并发送给规划星。

2）规划星接收地基管控系统的一级管控任务，依据天基资源库进行一级管控任务规划，生成由单星或多星执行的二级管控任务或序列，发送至探测执行星，协调地面站网生成连续监测接收计划。

3）规划星监测探测执行星遥感数据质量评价结果，根据评价结果决定是否调整任务执行参数。

4）探测执行星接收规划星二级管控任务，并结合星载自主健康评估结果进行二级管

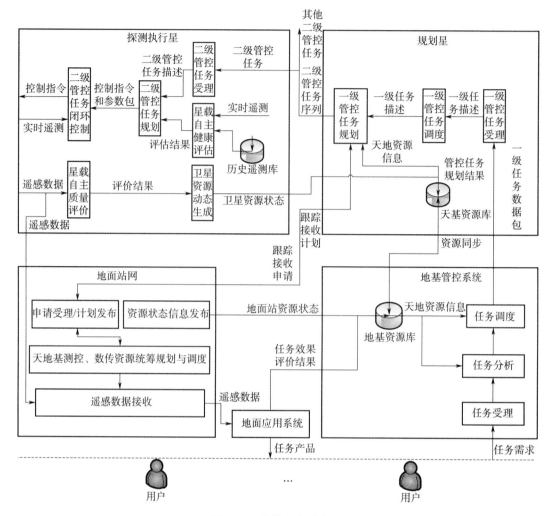

图 2-3　系统组成及交互

控任务规划，形成卫星各分系统执行的指令包和参数包，闭环控制各分系统执行。同时，探测执行星可接收载荷遥感数据并进行自主质量评价，评价结果写入卫星资源运行状态，并传送给规划星资源库。

5）探测执行星在获取到遥感数据时进行自主质量评价工作，并依据评价结果对星上后续任务参数进行调整。

6）探测执行星定期计算卫星资源运行状态，通过星间链路传送给规划星。

7）地面站网依据地面站连续监测接收计划调度地面站执行数据接收任务。

8）地面站网定期向地基管控系统发布地面站资源状态。

9）地面站网接收到遥感数据后发送到地面应用系统进行处理。

10）地基管控系统根据接收的地面应用系统的任务效果评价结果优化资源库基础参数信息。

星地一体化管控流程如图 2-4 所示。

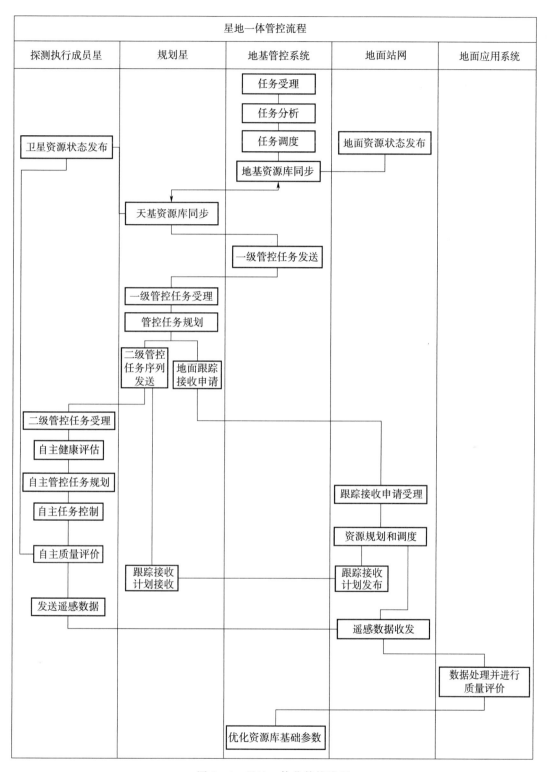

图 2-4 星地一体化管控流程

2.3　多星协同机制

当前航天任务中的协同机制大多为地面参与的协同，没有体现在轨自主特性。本书描述的在轨多星协同是在卫星的自主决策能力基础上开展的多星协同，以实现整体系统性能的提升[9,10]。目前协同技术在多机器人系统已经得到应用，Cao 等[11]在 1997 年对协同行为（cooperative behavior）作了如下定义：给定预先定义的任务，如果某些内在的机制（协同机制）使得整个多机器人系统的效用提升，则称该系统呈现协同行为。

从任务规划的角度来说，不同类型的卫星系统在管理权限、组织方式、通信条件与运行流程等方面存在差异，任务的多样化、用户需求的个性化引出了多种类型的协同机制，主要分为集中式协同机制（centralized coordination mechanism）、自顶向下式协同机制（Top - down coordination mechanism）、分布式同步协同机制（distributed synchronous coordination mechanism）及分布式异步协同机制（distributed asynchronous coordination mechanism）四种。本节为了更好地定义卫星系统协同任务规划机制，首先给出相关关键要素的定义[12]。

1）协调器（coordinator）：位于各卫星系统之上的任务规划中心，具备协调多个卫星系统之间或同一卫星系统内部各资源调度软件之间的任务分配能力的软件系统或者功能模块。

2）调度器（scheduler）：位于某一卫星系统内部，具备指定观测资源所分配的任务下，面向若干优化目标采用各类调度算法生成卫星观测与数据回传方案的功能模块。

3）任务（mission）：多个用户提出的、经过规范化处理的、包括对地球表面点目标、区域目标及移动目标等的不同类型的观测需求。

4）子任务（sub - mission）：通过对任务进行分解、合并等操作得到的任务数据，可作为调度器的输入，如区域目标分解成的成像覆盖区域数据、移动目标离散化处理后的点目标数据等。

5）外部任务（external - mission）：不由协调器分配，但作为调度器输入的观测任务。

6）资源（assets）：卫星系统管控的搭载不同类型载荷的、具备执行对地观测任务的各类卫星，包括无线电、光学、微波成像卫星等。

2.3.1　四种协同机制介绍

各类型协同机制业务处理流程如图 2-5 所示。

（1）集中式协同机制

集中式协同机制关键体现于集中，其通常只包含一个调度器，位于某一权限最高的管控系统内，负责接收所有用户任务，并在一个算法架构内进行优化求解，最终生成所有参与观测资源的工作方案。

采用集中式协同机制进行任务规划，能够统一生成卫星工作计划，可有效提高资源利

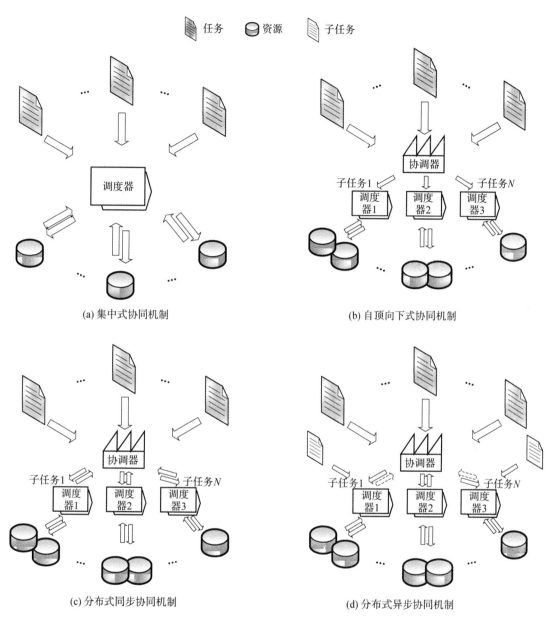

(a) 集中式协同机制　　　　　　　　　(b) 自顶向下式协同机制

(c) 分布式同步协同机制　　　　　　　(d) 分布式异步协同机制

图 2-5　各类型同机制业务处理流程

用效率，缩短系统反应时间，并准确有效、快速及时地获取多种工作模式下的不同空间分辨率和频谱分辨率的载荷数据。

（2）自顶向下式协同机制

自顶向下式协同机制包含一个协调器、若干调度器及其相应的卫星资源，为分布式结构。当有任务时，协调器首先对任务进行格式检查、分解、合并、冗余剔除等预处理，然后通过一定的分配算法将子任务分配至各个调度器，再由调度器执行调度算法生成各自资源的工作方案。在整个任务规划周期内，各调度器不再向协调器反馈调度结果。自顶向下式协同机制通常适用于面向常规观测需求场景，由多星系统以"松耦合"组织方式实现多资源协同，其中协调器位于一个上层的任务规划中心，该中心负责接收所有用户提出的任务需求，并负责向各执行卫星分发任务。调度器功能植入于各执行卫星中，负责执行任务调度生成观测与回传方案，当任务工作计划执行完毕后再向调度器提交具体执行结果。

这种协同机制的主要技术难点在于协调器在无调度结果在线反馈情况下，如何能够有效地将多个观测任务分配至各个调度器，并使得各调度器所辖资源发挥最大效能[13]。限于观测资源能力稀缺与使用约束复杂，所分配的任务一般无法保证全部完成，因此协调器执行的任务分配问题与现有的分配问题（如生产任务分配、机器人任务分配、运输分配及处理器计算分配等）具有很大区别。因此，以此为背景的观测任务分配问题需要进一步研究，以更好地满足"松耦合"式的组织管理下的协同任务需求。

（3）分布式同步协同机制

分布式同步协同机制与自顶向下式协同机制的不同主要体现在协调器与调度器可以双向对话，即各调度器能够在线同步反馈所分配任务的调度结果，协调器可以依据调度结果进行分配方案的优化调整，经过若干次的反馈迭代保证各卫星资源使用效率达到最优。该类型协同机制适用于多个多星系统以"紧耦合"组织方式实现多资源协同观测的情况，同时也适用于一个多星系统内部的多个不同类型观测资源调度[14]。对于常规观测需求，分布式同步协同机制由于迭代优化过程的加入，任务规划效能理论上会比自顶向下式有较大提升，但需要以各卫星系统之间在任务规划时段内的实时通信作为保障。

由于协调器可以在线得到调度结果，因此采用一般求解组合优化问题的分配算法技术进行求解，得到分配方案的收益。然而，执行一次调度所花费的时间对现有的搜索算法来说非常长，且在多个调度器"紧耦合"组织情况下，通信所需时间会有明显增加。因此，在降低协调器与调度器交互频率前提下，保证观测任务的有效规划是关键技术之一。

（4）分布式异步协同机制

分布式异步协同机制与分布式同步协同机制具有两点差别：一是各调度器除了接收协调器分配的任务之外还接收外部任务，二是各调度器可以在不同时间点接收协调器分配的任务。该机制适用于相对独立的各类卫星系统，各调度器在接收协调器（联合任务规划中心）分配的任务之外，还有其他来源的任务需求（地面上注任务和基于星间引导生成的任务）的情况[15]。该机制在结合分布式同步任务规划技术研究基础上，需要增加依据已有工作计划对观测资源剩余能力预估的方法研究。

综上，通过四类协同任务规划机制的特性分析可以得出以下结论。

1）集中式协同机制可作为另外三类协同机制的原子结构，即下层调度部分。该模式任务规划效率高，联合效果好，适用于独立的某类卫星系统管控或未来卫星资源整合后的地面集中管控。

2）自顶向下、分布式同步与异步协同三种机制均具有分布式的双层物理结构，包括上层协调器，负责多任务的协同分配；下层多个调度器，每个调度器负责各自观测资源的工作计划生成。三种分布式协同机制的不同体现于两个层次之间的交互方式。

3）协调器与调度器所在层次的决策者具有不同的决策目标，调度器希望最大化地利用所辖资源，以追求效能或使用效益的最大化；而协调器在追求资源使用效率目标基础上，还需兼顾各个调度器所在的卫星系统之间的公平目标。

4）三种分布式协同机制下，多星协同任务规划过程无法在某一个层次全部执行。整个规划过程的优化不仅依赖于调度过程中算法的性能，同时也取决于任务是否合理高效地分配。

2.3.2　多星协同任务规划架构

全面获取可参与规划星及环境态势信息是任务规划星在轨自主任务规划的前提[16]。考虑到星地链路、星间链路、中继链路实际应用的局限性和复杂性，通过一颗高价值卫星进行所有卫星的任务规划，在高时效性、计算复杂度、传输数据量、链路可靠性等方面具有明显劣势。因此，本书提出了分布式自主星簇系统的多星协同任务规划架构，在该架构下簇内采用编队方式，簇间采用组网方式，具有很强的适应性，如图 2 - 6 所示。其主要特点如下所述。

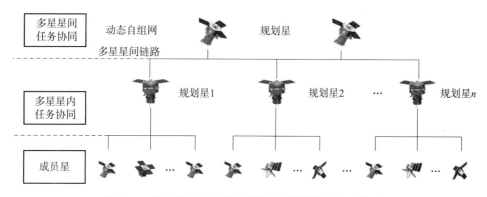

图 2 - 6　分布式自主星簇系统的多星协同任务规划架构

1）星簇组成动态划分：将在轨卫星划分为若干个星簇，星簇内至少有一颗规划星，可收集星簇内成员星的运行状态。

2）星簇内自主任务规划：星簇内的规划星收集星簇内及星地环境信息，在地面编排任务已上注的基础上，对实时动态簇内发现的新目标、产生的新任务、接收星簇间分发过来的跨簇任务进行自主任务规划。

3）星簇间任务协同：星簇内部任务规划结果完成分发后，某些重要度极高或周期性观测任务需要有更高一级的规划星执行协调，该星可以是独立运行于星簇外的个体，也可以是某个星簇规划星。

4）星簇内、星簇间链路：通过星间链路、中继等手段，保证星簇内成员间、星簇的规划星间的可靠通信。

2.3.3　任务规划分配资源的优先原则

地面上注复杂任务后，一般出于对资源的占用尽可能少的考虑，在任务分配和规划过程中优先考虑由单星执行，其次是单个星簇，最后是分散网络，如图2-7所示。

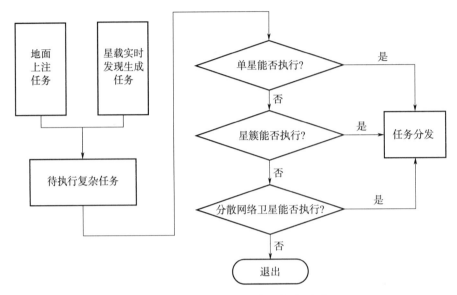

图2-7　星上任务分配资源优先原则

1）如果使用单星完成，如某个区域的多目标成像任务，若单星幅宽较宽，具备多模式姿态机动单轨大区域拼接成像能力，则对在轨卫星系统资源的占用率小，如图2-8所示。

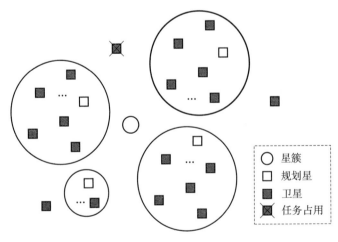

图2-8　单星资源占用

2）如果使用星簇完成，则星簇内规划星资源被占用，将导致该时段无法执行星簇多星协同的聚焦成像、连续监测成像等多类型复杂任务，资源占用率较单星任务高，如

图 2 - 9 所示。

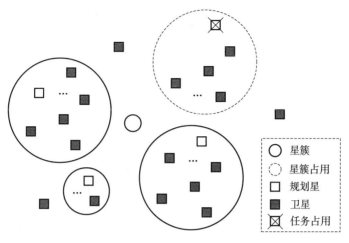

图 2 - 9 单星簇资源占用

3）如果使用分散的卫星网络完成，则多星簇卫星资源被占用，将导致该时段多个星簇无法执行星簇间的协同任务，资源占用率较单星和单星簇执行任务更高，如图 2 - 10 所示。

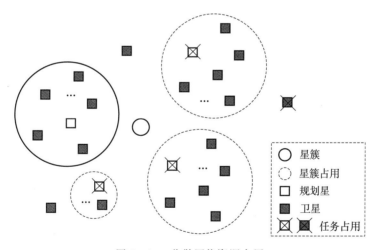

图 2 - 10 分散网络资源占用

2.4 协同交互信息

可靠的星间信息传输网络和星上任务分配性能是保证多星在轨自主任务规划系统自主运行能力、减少对地面站依赖的基础。多星协同自主任务规划涉及的信息主要分为四大类：任务类、态势类、卫星类、网络资源类[17]。

（1）任务类

星上任务主要有三大来源：地面注入、星上自生成及星间引导生成。通常各类任务以表格的形式从空间域、时间域、目标域和信息域等维度进行描述。经任务分解、预处理、任务单在线筹划、多星协同协商，最终生成卫星所需执行的任务清单。全网动态更新的任务类信息主要包括地面注入任务清单、星上自生成任务清单、星间引导任务清单、任务清单筹划结果、任务执行过程数据和任务清单筹划参数配置信息等。任务类信息内容及信息来源如表 2-1 所示。

表 2-1　任务类信息内容及信息来源

项目	内容	信息来源
地面注入任务清单	来自用户、地面的上行任务或经中继转发的任务	地面上注卫星
星上自生成任务清单	常驻任务、态势驱动生成、执行失败恢复的任务等	星间传输
星间引导任务清单	无线电引导成像、普查引导详查、连续监测成像等	星间传输
任务清单筹划结果	对各类任务来源进行整合、筛选，规划出待执行的任务	星间传输
任务执行过程数据	任务执行状态、任务负载、任务完成情况、单星任务计划	星间传输
任务清单筹划参数配置信息	星上执行任务清单筹划解算过程的可调参数配置	地面上注卫星

（2）态势类

态势是感知能力实现的最终结果，反映了空间要素分布和环境的当前状态及未来的发展变化趋势，为决策和任务规划提供支持。态势的全网更新可保证星地、星间态势的一致性。其中，态势一致性是指执行任务的各星、各单元系统在协同计划和协同行动中面对的相关态势信息必须保持一致，包括对相关的态势元素时空状态的感知、理解和预测。

态势信息在卫星自主任务规划中主要用于任务生成、任务规划、任务执行三个阶段。态势类信息内容及信息来源如表 2-2 所示。

表 2-2　态势类信息内容及信息来源

项目	内容	信息来源
目标动态信息	局部、全球分布的已知、实时发现、动态更新的静态目标、动态目标	地面上注、星上生成
部署信息	部署位置、种类等	地面上注、星上生成
目标状态信息	港口、机场、航路、航线动态信息	地面上注、星上生成
环境	云覆盖、气象、水文、太阳月相、无线电环境等	地面上注、星上生成
事件信息	基于态势信息综合的描述信息	地面上注

（3）卫星类

各类卫星是态势感知、目标连续监测成像、各类信息保障任务的直接执行单元。在自主任务规划过程中，任务的分解、匹配、规划、分发、执行、反馈等过程都涉及卫星平台、载荷及链路的各类约束。任务规划需清楚参与任务执行与协同的卫星载荷模型、姿态模型、能源模型、存储模型，需要基于卫星的任务执行动作、任务负载、能源平衡、存储剩余量、健康状况等进行统筹决策，并将以上信息在全网进行更新，以保证任务规划的实时性、准确性和任务的完成率。卫星类信息内容及信息来源如表 2 - 3 所示。

表 2 - 3　卫星类信息内容及信息来源

项目	内容	信息来源
卫星模型信息	卫星姿态机动模型、工作模式模型、链路传输模型等	地面上注
载荷模型信息	载荷安装、指向、分辨率等参数装定，数据量估计模型	地面上注
能源信息	基于实时采集、任务执行、充放电模型预估的能源可用情况	星上生成
存储信息	基于实时采集、任务执行、下传模型预估的能源存储情况	星上生成
姿态信息	对日、对地、中继指向、任务执行过程的姿态数据	星上生成
轨道信息	卫星飞行轨道根数、时戳、位置、速度等	星上生成
健康状态	载荷、数管、平台等各分系统相关的健康状态，决定卫星是否入网及是否参与任务规划	星上生成

（4）网络资源类

卫星自主任务规划包含数据传输类任务，因此星上需了解地面数据接收设备、中继星等资源模型及可用状态，如地面站、移动站、中继接收系统等的属性、参数、模型等，如地理坐标、传输频点、带宽、时间特性等，获取站点当前的工作状态、接收链路与接收数据完整度状态反馈等。网络资源类信息内容及信息来源如表 2 - 4 所示。

表 2 - 4　网络资源类信息内容及信息来源

项目	内容	信息来源
测控站	地理坐标、传输频点、带宽等基础信息，以及占用时段、可用时段等信息	地面上注
数传站	地理坐标、传输频点、带宽等基础信息，以及占用时段、可用时段等信息	地面上注
中继星	轨道信息、传输频点、带宽等基础信息，以及占用时段、可用时段等信息	地面上注
移动站	地理坐标、区域、传输频点、带宽等，及占用时段、可用时段等信息	地面上注
接收终端	地理坐标、区域、信息需求、频点带宽等，以及占用时段、可用时段等信息	地面上注

2.5　自主协同流程

在轨任务一般支持时间触发、地点触发的执行模式，通过执行星上任务规划，自主优选任务执行窗口。本节在前四节的基础上，对多星协同的一般主流程进行描述[18]，如图 2 - 11 所示。

（1）地面任务上注

地面管控系统收集各级用户需求，对需求进行初步筛选、分解和地面规划，进行多星任务计划编排，生成多星协同任务单，经遥控或中继转发，将协同任务相关数据上注。

（2）星上任务规划

对地点触发任务、时间触发任务进行统一规划，生成一段时间内待执行的协同任务队列。

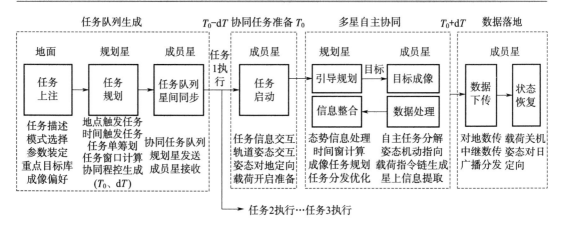

图 2-11　多星协同主流程

时间触发任务直接插入待执行任务队列，按任务优先级、时间间隔约束等进行冲突消解。地点触发任务则是当星下点对触发区域存在过顶窗口时具备对该区域协同任务启动的基本条件，确定协同任务的协同初始时刻 T_0 和协同执行时间 dT，其中触发区域可定义为任务中心点、触发半径划定的地面区域。另外，根据优先级、任务有效期、总执行次数、连续执行最小间隔、相对中心距执行多窗口的优选[19]，如图 2-12 所示。

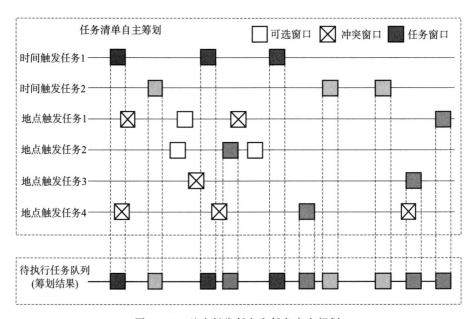

图 2-12　地点触发任务和任务自主规划

地点触发生成的任务不与已有地点触发任务冲突，新上注时间触发任务（应急任务）与地点触发生成的任务冲突，新上注替换已存在任务。

（3）星间协同任务队列同步

规划星执行协同任务规划后，生成待执行多星协同任务队列，将任务队列与执行星同步，可保证在协同时执行星同步启动任务。

（4）协同任务启动

协同任务由执行星根据任务同步信息自主启动。在每个任务协同开始前某一规定时间，由规划星和执行星完成信息握手，并在 T_0 前完成协同准备，卫星姿态对地定向，载荷开机具备工作状态。

（5）协同任务规划与执行

协同过程在从 T_0 到 $T_0 + dT$ 时段内进行，规划星根据各类约束进行态势引导信息处理、可见时间窗计算、星上目标分配任务规划、区域任务分解等过程。基于生成的各星任务规划结果，将成像坐标、成像模式等信息发送给执行星。执行星接收成像任务，自主规划生成姿态导引律，执行载荷开机、姿态机动、图像获取、数据处理与传输等过程。

（6）数据下传

协同观测数据通过对地数传、中继数传等方式下传，其中星间数传规划涉及多点对多点的任务编排，因此需要星上自主任务规划。但与中继卫星的数传涉及与非自主的中继卫星合作，对人为编排程控依赖较强；同时，由于中继卫星一般需要提前数天申请，因此不需要自主规划提供的时效性。

（7）星簇状态恢复

在 $T_0 + dT$ 时刻，各星停止协同任务，执行载荷关机、姿态对日定向等状态恢复。

2.6　小结

本章对卫星管控与自主流程进行了系统的梳理，首先分析了星地任务管控分工，给出了星上和地面的功能包络及管控流程，提出了一种分层协作的多星协同组织形式，将在轨分布式卫星系统划分为多个规划星簇，借助星间链路、中继星等通信载体，使星簇内、星簇间可以获得分层任务规划所需的各种信息，用于星簇内自主任务规划、星簇间的高层任务协同；进一步地，阐述了网络传输的信息交换内容，涉及的所有信息分为四大类：任务类、态势类、卫星类、网络资源类等；最后，对多星协同的一般流程进行了描述，为后续论述的成像任务规划奠定了基础。

参 考 文 献

［1］ 潘耀．基于多任务源的遥感卫星自主任务规划技术研究［D］．上海：上海卫星工程研究所，2018．

［2］ 代树武，孙辉先．航天器自主运行技术的进展［J］．宇航学报，2002，21（1）：17－22．

［3］ 马满好．卫星成像观测任务分解与资源匹配方法研究［D］．长沙：国防科技大学，2010．

［4］ 吕旺，张伟，赵艳彬，等．适用于天基全球实时连续监视的地面运控网络系统：CN109150282A
　　　［P］．2019－01－04．

［5］ 胡行毅．编队小卫星应用系统的地面运控管理技术综述［J］．国际太空，2004（7）：21－26．

［6］ GABREL V, VANDERPOOTEN D. Enumeration and interactive selection of efficient paths in a
　　　multiple criteria graph for scheduling an earth observing satellite［J］．European Journal of
　　　Operational Research，2002，139（3）：533－542．

［7］ BIANCHESSI N, CORDEAU J F, DESROSIERS J, et al. A heuristic for the management of
　　　multiple－orbit earth observation satellites［R］．Technical Report GERAD－2005－45，
　　　2005：50－54．

［8］ TANGPATTANAKUL P, JOZEFOWIEZ N, LOPEZ P. A multi－objective local search heuristic
　　　for scheduling Earth observations taken by an agile satellite［J］．European Journal of Operational
　　　Research，2015，245（2）：542－554．

［9］ 张育林，增国强，王兆魁，等．分布式卫星系统理论及应用［M］．北京：科学出版社，2008．

［10］ 郭强，韩琦，冯小虎．新一代风云四号气象卫星任务规划研究与应用［J］．电子测量技术，2020，
　　　43（23）：40－45．

［11］ CAO Y U, KAHNG A B, FUKUNAGA A S. Cooperative mobile robotics：Antecedents and
　　　directions［M］//Robot colonies. Springer，Boston，MA，1997：7－27．

［12］ 崔本杰，范凯，曲耀斌，等．一种多星自主协同系统及方法：CN112288212A［P］．2021－01－29．

［13］ SUDEIKAT J, STEGHÖFER J P, SEEBACH H, et al. On the combination of top－down and
　　　bottom－up methodologies for the design of coordination mechanisms in self－organising systems
　　　［J］．Information and Software Technology，2012，54（6）：593－607．

［14］ PROENÇA J, CLARKE D, De VINK E, et al. Dreams：a framework for distributed synchronous
　　　coordination［C］//Proceedings of the 27th Annual ACM Symposium on Applied Computing，
　　　2012：1510－1515．

［15］ ZOU Y, SU X, LI S, et al. Event－triggered distributed predictive control for asynchronous
　　　coordination of multi－agent systems［J］．Automatica，2019（99）：92－98．

［16］ BROWN O, EREMENKO P, COLLOPY P. Value－centric design methodologies for fractionated
　　　spacecraft：Progress summary from Phase I of the DARPA System F6 Program［C］//AIAA Space
　　　2009 Conference ＆ Exposition，2009：6540．

［17］ PREMKUMAR K, CHOCKALINGAM A. Performance analysis of RLC/MAC and LLC Layers in a
　　　GPRS protocol stack［J］．IEEE Transactions on Vehicular Technology，2004，53（5）：

1531 - 1546.

[18]　李喆，李冬妮，王光兴 . LEO/MEO 卫星网络中运用自组网思想的动态路由算法 [J]. 通信学报，
　　　 2005 (5)：50 - 56，62.

[19]　王朱伟，徐广书，买天乐，等 . 基于 AI 的 LEO 卫星网络资源管理架构设计 [J]. 信息技术与网
　　　 络安全，2018，37（2）：20 - 22，36.

第3章　多星协同自主任务规划功能、约束与模型

多星协同自主任务规划是针对用户任务需求，结合可用的多星资源，在满足多星拓扑、卫星观测和数据约束下，为星间、星内资源在时间轴上制定动作序列，如多目标或大区域的协同观测、数据的集中回传、载荷工作的起始时间与结束时间、载荷的动作参数、数传时间及天线仰角生成等[1,2]，从而将任务规划流程转换为多资源、多任务、多目标和多约束的组合优化问题。

3.1　多星协同自主任务系统功能概述

多星协同自主任务规划主要包含5个方面，分别是任务采集与地面目标动态管理、星地资源及环境动态管理、复杂任务星上预处理、多星任务规划及单星任务解析规划[3,4]，如图3-1所示。

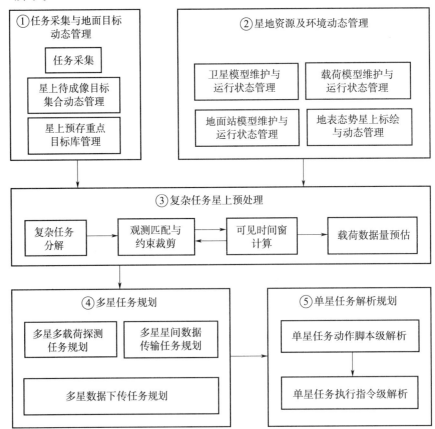

图 3-1　多星协同自主任务规划基本流程

各部分功能的介绍如下。

（1）任务采集与地面目标动态管理

任务采集：星上接收地面用户已知确定任务，由地面系统完成任务规划和任务请求，星上对任务请求处理情况做出反馈。分布式卫星系统具备广域搜索能力，可以在轨实时发现目标，并对观测任务进行判别、解析、分解和动态管理。

星上待成像目标集合动态管理：积累并存储来自地面上注、星上实时发现及外部信息引导的目标，对相同目标信息进行更新（替换或聚类），对动目标轨迹进行预测，对已规划目标和已拍摄目标进行标识，进而生成待引入任务规划算法的有效目标队列。

星上预存重点目标库管理：根据在轨发现的目标特征，如频率信息、目标图像尺寸、形状轮廓等进行描述，基本确认目标类别，并从星上预存的目标库中进行匹配。根据匹配结果，给出该目标的重要度、最佳观测手段组合及观测频次等多星任务规划目标的成像需求。

（2）星地资源及环境动态管理

星地资源包括多星规划任务涉及的所有主体和环境要素。任务主体包括分布式卫星资源（含卫星平台、有效载荷）、可用地面站资源，环境要素则包括地表云层覆盖信息、太阳月亮运行信息（光照影响）与海陆边界信息等。星地资源是计算卫星观测时间窗和数据回传时间窗、分解复杂任务、分析任务可行性的基础。其中，资源的使用规则和约束信息十分重要，如资源可用性、成像模式、载荷侧摆角度、侧摆次数、姿态机动性能、连续开机时间、开机次数、地面站接收角度和转换时间等信息，都需要以规范的格式进行管理和维护，从而使其他子系统能够读取和处理相关信息。

卫星模型维护与运行状态管理：描述各卫星平台属性、工作参数、工作模式等，如姿态机动指标或曲线、数传存储容量和下传速率等；获取分布式卫星平台工作状态反馈、任务执行状态反馈等。

载荷模型维护与运行状态管理：描述各卫星、各载荷的属性与性能参数等，如可见光相机包括光照角要求、分辨率、幅宽、数据量和成像模式等；获取分布式卫星各载荷工作状态反馈、执行状态反馈、星上处理结果和评估结果反馈等。

地面站模型维护与运行状态管理：描述地面数据接收设备，如地面站、移动站、中继接收系统的属性、参数与模型等，如地理坐标、传输频点、带宽与时间特性等；可以获取地面站当前工作状态、接收链路与接收数据完整度状态反馈等。

地表态势星上标绘与动态管理：描述地表云层覆盖信息、太阳月亮运行信息（光照影响）、海陆边界信息等，该模块将以上信息模型化并存于星上。信息来源于地面上注的气象云图数字化模型、星上云判相机的实时识别描绘与天体轨道模型的计算等。分布式卫星系统的规划星可对以上信息进行实时处理和更新。

（3）复杂任务星上预处理

预处理指的是对地面上注及星上自主发现的复杂任务进行分解，观测约束匹配与裁剪和可见时间窗计算，生成下一步星上任务规划的输入元任务集合的过程。

复杂任务分解：将区域目标观测、周期性观测、多星载荷观测等复杂任务分解为单星可一次性完成的元任务，并创建对应每个元任务的所有对地观测活动。

观测匹配与约束裁剪：初步确定可能完成每个对地观测活动的可选卫星和载荷，其主要依据是图像类型及地面分辨率是否匹配等因素。依据云覆盖、光照条件、卫星资源状态、存储状态等约束，对潜在的任务进行集合和裁剪，以减少引入下一步目标与卫星匹配的可见时间窗计算的数据量。

可见时间窗计算：计算卫星对地面目标可成像时间窗口，计算卫星对地面站可下传时间窗口等。

载荷数据量预估：根据以上卫星对地面目标的元任务分级结果，计算每个元任务的成像数据量。

（4）多星任务规划

规划星针对地面观测任务请求与星上自主发现任务，综合多种类型可利用的卫星资源，以预处理生成的元任务集作为输入，根据业务规则和各项约束条件，进行推理和决策分析，协调发生资源冲突的地面目标和地面站，分配调整各颗卫星资源、有效载荷资源、数据链路资源、地面站资源，完成观测任务所需的卫星和地面站的分配和均衡调整，从而将成像与传输任务安排给具体成像执行成员星。

多星多载荷探测任务规划：分布式卫星系统中的规划星针对预处理后得到的所有成像元任务，依据星上智能优化算法，基于收益判断准则，得出较优的多星多成像任务匹配组合方案。

多星星间数据传输任务规划：分布式卫星系统中的成像星在成像或观测任务执行后，将星上获取的载荷数据进行实时星上处理。例如，将获取图像的目标切片信息通过星间数据通道汇总到规划星，进行在轨融合处理。

多星数据下传任务规划：分布式卫星系统中的规划星采集执行卫星的星载数据存储工作状态与地面站可用资源状态等，统筹下传链路任务时序，确保数据成功下传。

（5）单星任务解析规划功能

多星任务规划完成后，各类冲突被消解，成像执行卫星接收到的是明确的规划结果，其形式通常以目标坐标、成像模式等简化信息描述。成像星任务解析包括成像星任务解析、动作分解、成像路径规划、星地链路、载荷开关机时序、工作模式设置、执行参数设置等具体事项。

单星任务动作脚本级解析：成像执行星根据冲突消解后分发的目标坐标、成像模式要求、数据下传地面站、下传窗口信息等进行可见时间窗详细计算，并分解到各分系统的执行详细参数设置，如姿轨控、载荷、数传开关机时序、状态设置等。

单星任务执行指令级解析：将任务动作脚本级解析结果解释为星上能够执行的时间触发的自主作业指令链，由星载计算机程控执行。

3.2　常见约束

卫星是一个有机工作的整体，通常由姿态控制、轨道控制、有效载荷、星务管理、热控和数传等工作部分组成，各个部分必须相互协同，才能有效完成动作。

在规划过程中涉及三类要素：资源、任务和外部条件[5]。资源是指观测与传输设备，包括观测卫星、地面站、移动站、中继星等；任务是指用户输入的大量任务；外部条件是指影响任务规划的其他条件，如气象条件、人工约束等。

约束条件是各个卫星执行任务、存储数据及传输数据时需要遵守的规定和限制，是保证卫星安全准确执行观测任务的前提。例如，卫星资源约束有些是有效载荷所要求的，有些则是出于对卫星姿态控制和稳定性考虑。卫星约束可分为以下几个方面：任务约束、卫星约束、地面站约束和环境约束（由于各卫星的设计与制造工艺有所不同，因此具体约束要求与工作参数也往往不同，需要针对具体卫星限定每一个详细约束）。

3.2.1　任务约束

任务来源于用户需求，任务的预处理会受任务约束限制。一般任务约束可以分为六类[6,7]，如图 3 - 2 所示。

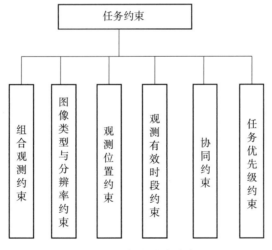

图 3 - 2　任务约束分类

（1）组合观测约束

针对用户提出发现或识别确认的某类目标的任务需求，在地面或星上进行任务分解时，会形成有利于执行该类任务的最佳载荷组合。表 3 - 1 针对典型目标，列出了常用的几种载荷组合观测示例。

表 3 - 1　典型目标观测常用载荷组合观测示例

目标类型	工作模式	可见光	红外	SAR	高光谱
陆地目标	发现	√	√	√	
	识别确认	√		√	
船舶目标	发现	√	√	√	
	识别确认	√		√	
水下目标	发现		√	√	√
临近空间目标	发现	√	√		√

（2）图像类型与分辨率约束

每一次观测任务都需要指明图像类型和分辨率要求。除非是应急任务，否则成像时的分辨率只能等于或优于任务要求的分辨率，例如，要求 5 m，则使用 5 m 分辨率载荷观测；但如果该类载荷无空闲而分辨率为 1 m 的载荷此时可用，也可使用 1 m 的分辨率进行观测。载荷类型与分辨率要求对应关系如表 3 - 2 所示。

表 3 - 2　载荷类型与分辨率要求对应关系

载荷类型	最低分辨率要求/m
SAR	1
红外	5
可见光	2

（3）观测位置约束

任务需指明拍摄的位置，如果是区域目标，还需要指明区域边界，通常使用多边形顶点描述区域。

（4）观测有效时段约束

任务需指明拍摄的最早开始时间和最晚结束时间。任务的执行应该在有效时段内进行，一般可指定地方时或协调世界时。

（5）协同约束

如果是复杂任务，则观测的数据类型更多，用户提交的部分任务要求多种数据类型，需要多种传感器共同观测。要完成这些任务，可能需要获得可见光、多光谱、SAR、高光谱等多种类型的信息，且需要多次成像，而各图像也可能属于不同类型不同分辨率图像，则各个图像的拍摄应满足协同成像的条件要求。在进行立体目标观测时，静态目标的立体观测需要卫星在不同位置进行两次观测，合成立体图片；动态目标的立体观测则需要两卫星在同一时间同时拍摄两张，合成立体图片。表 3 - 3 列举了几种协同任务情况。

表 3 - 3　几种协同任务情况举例

任务情况	解决方案
观测数据类型多	多种传感器协同工作
观测目标数量大	多颗卫星协同工作

续表

任务情况	解决方案
目标搜索识别	无线电接收与成像协同工作
目标连续监测成像	组网卫星接力
立体目标观测	两次不同位置或不同时刻拍摄

（6）任务优先级约束

在执行任务时，不同任务有不同的重要等级，重要用户的任务优先级更高，而普通用户的优先级相对较低。重要用户的划分需要依据用户确定，举例如表3-4所示。

表 3-4　任务优先级举例

任务类型	优先级程度
应急任务	高
协同任务	高
普通任务	低
单星任务	低

3.2.2　卫星约束

卫星作为一个系统，其姿态控制、轨道控制、有效载荷、星务管理、热控和数传等各分系统必须相互协同，才能有效完成成像任务[8,9]。卫星约束按载荷和卫星平台分为两大类，如图3-3所示。

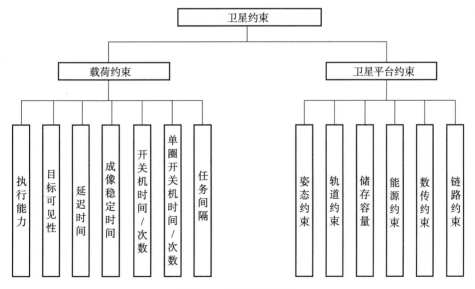

图 3-3　卫星约束分类

（1）执行能力

载荷资源在任何时刻只能执行一项观测任务，且只能对成像覆盖区域内的任务实施观测；若多个观测任务符合任务合成条件，则需合成为卫星载荷一次开关机就可以拍摄的任务，这样就可以在有限的时间内用较少的传感器开机次数、较低的成本完成更多的任务，这种方式可提高任务执行效率。

（2）目标可见性

当目标位于成像覆盖区域内时，卫星才可对其执行观测任务。成像覆盖区域由卫星轨道和载荷参数决定，如有些卫星的侧视角可以达到 25°，有些只有 15°左右。

（3）延迟时间

由于卫星轨道参数的误差及其他空间环境的影响，预先计算出成像任务访问的时间也存在一定误差。为了完成成像任务，必须在访问时间之前的一段时间开启传感器设备，并推迟一段时间关闭传感器设备。不同卫星的提前和延迟时间不同。

（4）成像稳定时间

为保证成像精度，不仅需要考虑载荷摆动过程的加速度、最大速度、稳定时间等参数，还需要考虑载荷摆动精度等参数。在一些简化模型中，成像卫星实施侧视动作后必须有一定的稳定时间，之后才能开启星载传感器设备。不同指向调整方式需要不同的稳定时间，一般情况下依靠机构调节相机视场需要稳定 5～10 s，依靠姿态机动调节视场则需要 20～60 s。

（5）开关机时间/次数

卫星载荷一般有开关机次数、单次成像时长、最大成像时长等限制。有些卫星成像需要满足开机最短时间要求，有些卫星成像需要满足开机最长时间要求，这些是在考虑卫星电量、存储能力、处理能力等多方面要素后在卫星设计时加以限制的。

（6）单圈开关机时间/次数

综合考虑光照/阴影区比例、电池放电深度、帆板效率等因素，卫星设计时会对单圈载荷总工作时长进行限制以保持能源平衡，通常包括单圈载荷工作时长或单圈开关机次数。载荷在卫星上属于消耗功率较大的单机，而卫星一般通过太阳能电池板产生电能，每运行一圈产生的能量有限，因此要在单圈开关机次数上进行限制。不同载荷单圈最大开关机次数示例如表 3-5 所示。

表 3-5　不同载荷单圈最大开关机次数示例

卫星	特点	单圈最大开关机次数
卫星 1	无帆板驱动，平时对日，成像对地	3
卫星 2	帆板驱动，稳态对地	10

（7）任务间隔

针对同一传感器，两次连续成像任务之间的间隔时间必须满足一定要求，主要是为了让卫星能够调整成像设备的侧视角度，实施成像动作。光学卫星成像间隔时间与 SAR 卫星成像间隔时间具有差异，不同卫星任务间隔示例如表 3-6 所示。

表 3 - 6　不同卫星任务间隔示例

卫星	任务间隔/s
光学卫星	15
SAR 卫星	5

（8）姿态约束

针对同一传感器，当前后两次开关机成像任务的侧视角度不相同时，在成像之前必须调整好卫星的姿态及其侧视角度。由于卫星姿态摆动存在运动过程，因此角度调整需要时间。

卫星姿态角可以用卫星本体坐标系与轨道坐标系三轴间的关系来描述，其大小由卫星姿态控制系统自动控制。目前，星载观测设备主要采用星体整体偏转方式，即观测设备的指向调整依赖于卫星姿态的调整。一般的星载观测设备能够垂直于轨道方向摆动。当卫星在轨飞行时，可观测到以星下点轨迹为中心线的带状区域。当需要观测目标在卫星可观测范围外侧，且在卫星当前轨道上通过调整观测设备指向就可观测到目标时，则可通过调整卫星姿态带动观测设备调整指向，以完成观测任务。

（9）轨道约束

卫星轨道通过地心惯性坐标系来描述，对地观测卫星一般处于太阳同步轨道，以保证卫星能够长时间有效观测地面[10]。当卫星轨道高度不同时，卫星的周期不同；当卫星的倾角不同时，卫星的覆盖范围不同。卫星轨道的其他因素不同也会导致观测时的差异。表 3 - 7 列出了几种不同任务的轨道特点。

表 3 - 7　不同任务的轨道特点

任务	轨道类型	高度/km	周期	轨道倾角/(°)	轨道离心率
通信	地球同步轨道（GEO）	35 780	约 24 h	约 0	$e \approx 0$
遥感	太阳同步轨道（SSO）	450～1 200	约 95 min	约 98	$e \approx 0$
导航	中轨道（MEO）	20 232	约 12 h	约 55	$e \approx 0$

（10）存储容量约束

每个卫星的存储器有一定的容量限制，通常将这种容量的限制转换成实际卫星进行成像的时间。成像卫星同中继通信卫星、地面站之间的数据传输速度有限，在一次数据传输过程中可能不能完全释放星载存储器资源。

（11）能源约束

卫星的电量或能源有限，其依靠太阳电池阵在光照期对星上电池进行充电，卫星的姿态调整和侧摆等操作动作会消耗能量，载荷工作过程中的预热、成像、图像处理等过程均会消耗能源。因此，星上为了保持能源平衡，避免进入能源危机，进行观测任务规划时需满足能量约束，进而控制电池在合理的放电深度内。

（12）数传约束

数传约束包括数传资源可见约束、天线匹配约束等。星载数传天线由于需要传输大量的观测数据，一般采用高频定向天线。这类数传天线主要采用自偏转模式，即天线指向的调整仅需天线自身的转动，但卫星姿态的调整会对天线的指向有间接影响。

进入数传弧段时，数传发射机在星务分系统及大容量存储管理模块的控制下，由大容量存储管理模块将星上的载荷数据、辅助数据及整星工程遥测数据进行组帧后传给数传发射机，数传发射机再对数据进行加扰、编码、调制等处理，通过数传天线以较低的误码率下传给地面站。

（13）链路约束

星间信息传递网络可分为星间通信网络、中继网络、载荷数据高速回传网络。其中，星间通信网络链路约束是指针对某一星座不同卫星之间的通信网络约束；中继网络链路约束是指在全球性任务中，信息通信的中继网络限制；而载荷数据高速回传网络链路约束是指由于地面站数量有限，卫星和地面站可见时间也有限，每一次下传容量也有限而导致的约束。

一般而言，成像卫星的具体约束与每个卫星和其载荷的设计相关，观测过程需要受到相应的约束条件限制。需要注意的是，当卫星有效载荷工作状况不同时，各项成像参数可能不同，如卫星处于应急成像模式时对云量等级、存储器容量、能量等约束条件具有不同的要求。

3.2.3　地面站约束

卫星连续监测遥测、遥控要靠设置在地球上适当位置的地面站来完成，地面站完成测定轨、遥测接收解调和处理、遥控编码调制和发射、数据处理与指挥调度等任务。不同轨道的卫星选择的地面站的布局和数量不同，如低轨道的卫星地面站覆盖卫星轨道范围小，测控范围小，由于一般低轨道卫星寿命较短，因此地面站数目要求较多。因国土面积有限，为了扩大测控作用范围，地面站尽量设置在国土的东、南、西、北边界地区；此外，卫星刚入轨时的测控至关重要，在卫星入轨点下应设有测控站。即使如此，大多数的中低轨道卫星只有不足15%的飞行时间是在地面测控弧段内。为了保证关键时刻测控具备实时性，可以选择在国外租用或者设立地面站。

地面站一般执行对卫星的观测、上注任务信息与接收数据的回传。地面站受地理位置制约，且数量有限，使得卫星同地面站之间的可见时间有限，卫星每次和地面站之间的数据传输时间受限，传输速率也受限。如图3-4所示，地面站约束主要可分为以下几种情况。

（1）可用地面站资源时段约束

地面包括可用地面站资源，由于地面站数量有限，因此卫星同地面站之间的可见时间也有限，使卫星下行数据传输链路的使用具有一定的时间性，其中低轨卫星每次和地面站之间的数据传输时间为分钟级或十几分钟不等，高轨卫星时间在小时级到全天候不等。

（2）指定工作时间约束

任务规划系统的决策者有时需要对数据传输的细节进一步约束，如限定某些传输需要在某段特定的时间内完成。

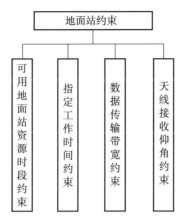

图 3-4 地面站约束分类

（3）数据传输带宽约束

卫星和地面站进行传输时传输带宽有限，这会给指令的上注和数据的回传速率造成约束。数据传输带宽主要表现在以下几个方面：下行遥测数据接收；通信数据收发，主要是载荷数据下行接收；上行遥测指令发送。表 3-8 列出了这几种情况的常用频段。

表 3-8 测控系统常用频段

频段	速率
S 频段	2Kbit/s
X 频段	450 Mbit/s
Ka 频段	20 Mbit/s

（4）天线接收仰角约束

地面站的天线在接收数据时，仰角有一定的要求，如有的固定站天线接收仰角是 5°。

3.2.4 环境约束

环境要素包括地表云层覆盖信息、太阳月亮运行信息（光照影响）、海陆边界信息等。环境约束分类如图 3-5 所示。

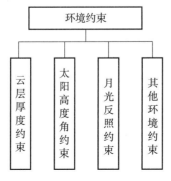

图 3-5 环境约束分类

（1）云层厚度约束

对于可见光传感器成像卫星来说，云层厚度对成像效果影响极大，为了进行后续图像处理，需对任务设定云量等级要求。例如，可根据气象预报单位的信息将云量等级分成11级，等级越高代表云量条件越差，各个任务和卫星对云量等级要求不同。成像卫星受云层厚度影响，任务规划过程需要考虑到拍摄时的气象条件，云层厚度需要满足任务需求中的云层厚度要求。不同载荷对云层要求示例如表3-9所示。

表3-9　不同载荷对云层要求示例

任务	云层要求
SAR	无要求
可见光	无云
红外	薄云不影响

（2）太阳高度角约束

对于可见光传感器成像卫星来说，成像时地面目标的太阳高度角必须满足一定约束条件才能获得适当光照条件的图像。太阳高度角指太阳光线和地面目标所在地平面的夹角，当太阳垂直照射地面目标时光照条件最好，此时太阳高度角为90°。对于某种可见光传感器来说，存在观测地面目标时要求的太阳高度角的下限，即最小太阳高度角。当太阳高度角大于或等于最小太阳高度角时，可见光传感器对地面目标的成像才是有效的。太阳高度角要求示例如表3-10所示。

表3-10　太阳高度角要求示例

任务	太阳高度角要求/(°)
可见光成像任务	＞10
微光成像任务	＞0
红外成像任务	＞10
SAR成像任务	＞90

（3）月光反照约束

月相是指地球上观测者见到的月球被太阳照亮部分的形状。进行对地观测时，由月相形成的月光反照亮度也会对任务造成影响。例如，月相情况的朔（农历初一）和望（农历十五或十六），其对任务会产生不同执行情况的影响。

（4）其他环境约束

有时需要判别所观测目标是在海上还是陆上，如根据目标经纬度信息确定目标在海上或是陆地，针对海面和陆地的区别，设置对应的星上载荷成像模式或者选择对应的图像实时提取模式。

3.3　约束满足求解模型

在星上自主规划计算过程中，基于约束满足模型，将复杂任务进行分解，生成元任务集合，并计算元任务集合的时间窗口，基于任务、卫星、载荷、环境等约束对元任务集合进行裁剪。3.2 节梳理了多星协同自主任务规划的各类约束，其中部分约束可以通过简单的数学算式或条件描述；对于其中比较复杂的，如可见时间窗口计算、环境约束等的具体建模和求解，将在本节予以表述。

3.3.1　可见时间窗约束计算模型

在卫星进行任务规划时，需要计算卫星对地面目标成像时间窗、卫星对地面站下传时间窗，成像卫星根据当前轨道位置、地面目标经纬度和运动规律，预测未来数十秒、数轨乃至数天后对目标的可见弧段和成像姿态指向信息。针对可见性计算结果，进一步结合载荷、平台、时间、环境、已安排任务等各类约束条件进行元任务裁剪[11,12]。

（1）"时间-姿态"定义

传统的成像卫星依赖地面管控软件对未来一天甚至一周进行高精度轨道递推计算，上注包含成像起止时刻和指向信息的载荷工作作业表，无法应对在轨实时的突发成像任务需求，并且地面算法运算量较大，不能直接搬到星上，无法应对无线电与成像协同任务规划的多星、多目标与实时性要求。

地面上的目标在特定纬度绕地轴与地球一同自转，而卫星绕着地心以近似椭圆的轨道高速飞行（约 7 km/s）。地面目标与卫星的相对关系时刻发生着变化，高动态的相对运动背后，还有诸如地球非球形几何形状（地表高程）、轨道摄动引起的递推误差、姿态指向误差、定位误差、光学指向镜误差、时间误差、安装误差等影响因素，使得对地面目标的高精度引导任务变得十分复杂。

特定载荷对特定目标可见性问题可以统一描述为"时间-姿态"求解问题，卫星通过选择合适的姿态或载荷指向，随着轨道飞行，在载荷对目标可见弧段内，能够使视场中心准确指向地面目标，同时满足成像载荷清晰成像的工作约束，如光学载荷的绕光轴偏流角修正量、SAR 载荷的俯仰偏航导引修正量[13]。对于仅具有调整滚动轴载荷指向能力的卫星，"时间-姿态"有唯一解；当星上有二维指向调整能力时（敏捷卫星），"时间-姿态"在最大机动能力范围内均有解。针对"时间-姿态"定义，需要理解以下三要素。

1）输入：根据具体工况的差别，可整合的输入包括轨道递推结果、目标坐标与运动规律、姿态机动调整范围、导引规律、载荷安装与指向调整自由度等。

2）时间：时间信息指的是星上时刻或时间段，一般可描述为相对任务规划起始时刻的时间差值[14]，可将载荷开机时刻定义为 0，之后目标的可成像时刻可表示为其与开机时刻的差值。

3）姿态（载荷指向）：姿态信息指卫星指向目标时的姿态调整量、SAR 波位角或相机摆镜调整量。不同姿态自由度对目标可见"时间-姿态"区间如图 3-6 所示，左侧视部分目标姿态信息为负，右侧视部分目标姿态信息为正。

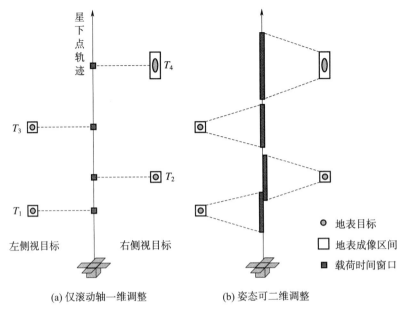

(a) 仅滚动轴一维调整　　　　　　　(b) 姿态可二维调整

图 3-6　不同姿态自由度对目标可见"时间-姿态"区间

通过以上方法对输入信息进行二维转换，根据规划任务时段长短对轨道递推模型进行合理简化，在保留所有有效信息的前提下，有利于算法的星载化实现，从而减小对地面系统的依赖性。

（2）星上轨道递推的可见性计算方法

1）姿态模型。

采用加速段＋匀速段＋减速段的方案，设计的星体姿态角速度-时间、加速度-时间的关系曲线如图 3-7 所示。

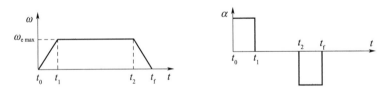

图 3-7　姿态角速度-时间、加速度-时间关系曲线

取星体在机动过程中的最大姿态角速度为 $\omega_{e\,max}=0.5°/s$，星体在加速段和减速段的角加速度的大小可以计算为

$$\alpha=\frac{T_{c\,max}}{I_i} \tag{3-1}$$

式中　α——星体的姿态角加速度；

$\quad\quad I_i(i=x,\,y,\,z)$——星体机动轴的转动惯量；

$T_{c\,max}$——飞轮可提供的最大输出力矩。

根据星体的运动学规律计算得到加速段、匀速段、减速段的时间表达式为

$$
\begin{cases}
t_1 = t_0 + \dfrac{\omega_{\varepsilon\max}}{\alpha} \\[2ex]
t_2 = t_1 + \dfrac{\theta_f}{\omega_{\varepsilon\max}} - \dfrac{\omega_{\varepsilon\max}}{\alpha} \\[2ex]
t_f = t_2 + \dfrac{\omega_{\varepsilon\max}}{\alpha}
\end{cases}
\tag{3-2}
$$

式中　t_0——机动的开始时刻；

t_1——加速段结束的时刻；

t_2——匀速段结束的时刻；

t_f——减速段结束的时刻；

$w_{\varepsilon\,max}$——最大角速度；

θ_f——姿态调整角度。

据此，机动用时 $T_{UseTime}$ 可按理论机动耗时 t_f 加上姿态稳定时间 t_w 考虑，为

$$
T_{UseTime} = t_f + t_w
\tag{3-3}
$$

式中，对于敏捷卫星，$t_w = 5 \sim 10$ s。

2）轨道模型。

采用根据地面注数递推轨道的方案，地面注数 t_0 时刻的轨道初始参数如表 3 - 11 所示。

表 3 - 11　轨道初始参数

序号	参数	含义	单位	备注
1	t_0	起始天（天内毫秒计数）	天	
2	a_0	长半轴平根数	km	
3	e_0	偏心率平根数	无	
4	i_0	轨道倾角平根数	rad	轨道六根数为 J2000 坐标系下
5	ω_0	近地点幅角平根数	rad	
6	Ω_0	升交点赤经平根数	rad	
7	M_0	平近点角平根数	rad	
8	c_1	t_0 时刻常数 1	无	
9	c_2	t_0 时刻常数 2	无	
10	c_3	t_0 时刻常数 3	无	

对于地球扁率摄动，递推算法取地球的一阶摄动解，且只考虑一阶摄动解中的一阶长周期项和一阶短周期项（均源于地球扁率 J_2 项）即可，递推 t 时刻瞬时轨道根数 a'、e'、i'、Ω'、ω'、u' 的步骤如下：

a）计算长周期项 a_1、e_1、i_1、ω_1、Ω_1、M_1。

b）计算平根数 a、e、i、ω、Ω、u。计算 a、e、i、ω、Ω、M，根据 M、e 计算 f，

根据 ω、f 计算 $u = \omega + f$。

c）根据 e、ω、f 计算 ξ、η、λ。

d）根据 u、$(f - M)$ 计算短周期项 a_s、i_s、Ω_s、ξ_s、η_s、λ_s。

e）计算瞬根数 d、e'、i'、Ω'、ω'、u'。首先计算 d、i'、Ω'、ξ'、η'、λ'，根据 ξ'、η'、λ' 计算 e'、ω'、M'，根据 M'、e' 计算 f'，根据 ω'、f' 计算 u'。

如图 3-8 所示，u_{mid} 为卫星在目标上空时刻的升交点幅角，当卫星飞到升交点幅角为 $[u_s, u_e]$ 区间时，卫星可以看到目标；在其他地方受地球遮挡，卫星看不到目标。

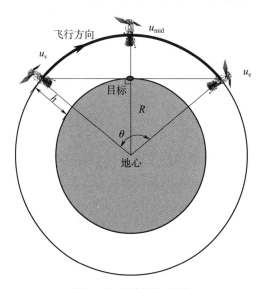

图 3-8　目标可见示意

从图 3-8 中可知，可视角为

$$\theta = 2\arccos\left(\frac{R}{R+h}\right) \qquad (3-4)$$

式中　h——轨道高度。

令 T 为轨道周期，卫星开始和不能看到目标时的升交点幅角，可视时间为分别为

$$u_s = u_{mid} - \frac{\theta}{2}, u_e = u_{mid} + \frac{\theta}{2} \qquad (3-5)$$

$$T_{可视} = \frac{\theta}{2\pi}T = \theta = \frac{\arccos\left(\dfrac{R}{R+h}\right)}{\pi}T \qquad (3-6)$$

（3）面向实时引导任务的时姿星上快速求解算法

输入：各星轨道数据（时间戳，WGS84 系 $\boldsymbol{R}$、$\boldsymbol{V}$）、各星各载荷安装、各星成像时长设置、目标经纬度。

输出：各星对各目标成像开始时刻、起始姿态角度、成像结束时姿态角。

1）计算各星瞬时地固系到轨道系转换矩阵 $\boldsymbol{A}_{oi}$。

获取成员星时戳、位置、速度，T_{es0_SID}、$\boldsymbol{R}_{es0\_SID}^{WGS84}$、$\boldsymbol{V}_{es0\_SID}^{WGS84}$。

以下针对各星编号 SID$\in$ [1，10] 依次计算，即

$$\boldsymbol{R}_{\text{es0\_SID}}^{i}=\boldsymbol{R}_{\text{es0\_SID}}^{\text{WGS84}},\boldsymbol{V}_{\text{es0\_SID}}^{i}=\boldsymbol{V}_{\text{es0\_SID}}^{\text{WGS84}}+\begin{bmatrix}-\omega_{\text{e}}\,\boldsymbol{R}_{\text{es0\_SID}}^{\text{WGS84}}(2)\\+\omega_{\text{e}}\,\boldsymbol{R}_{\text{es0\_SID}}^{\text{WGS84}}(1)\\0\end{bmatrix}\qquad(3-7)$$

计算瞬时地固系下的轨道倾角 i_{SID} 为

$$i_{\text{SID}}=\arccos\left[\frac{\boldsymbol{H}(3)}{|\boldsymbol{H}|}\right],\boldsymbol{H}=\boldsymbol{R}_{\text{es0\_SID}}^{i}\times\boldsymbol{V}_{\text{es0\_SID}}^{i}\qquad(3-8)$$

$$\boldsymbol{N}=\frac{\boldsymbol{I}_{Z}\times\boldsymbol{H}}{|\boldsymbol{I}_{Z}\times\boldsymbol{H}|},I_{Z}=\begin{bmatrix}0&0&1\end{bmatrix}^{\text{T}}\qquad(3-9)$$

$$\boldsymbol{i}_{Z}=\boldsymbol{I}_{X}\times\boldsymbol{N},\boldsymbol{I}_{X}=\begin{bmatrix}1&0&0\end{bmatrix}^{\text{T}}\qquad(3-10)$$

计算瞬时地固系下升交点赤经 Ω_{SID}、初始轨道幅角 u_{0_SID}，其中 sign 为符号函数。

$$\begin{cases}\Omega_{\text{SID}}=\text{sign}\,[\boldsymbol{i}_{Z}(3)\,]\arccos(\boldsymbol{N}\cdot\boldsymbol{I}_{X})\\u_{0\_\text{SID}}=\text{sign}[\boldsymbol{R}_{\text{es\_0}}^{i}(3)\,]\arccos\left(\dfrac{\boldsymbol{R}_{\text{es0\_SID}}^{i}\cdot\boldsymbol{N}}{|\boldsymbol{R}_{\text{es0\_SID}}^{i}|}\right)\end{cases}\qquad(3-11)$$

计算参考地固系下轨道角速度 ω_{SID}、轨道幅角 $u_{\text{SID}}(t)$ 是时间 t 的函数，有

$$\omega_{\text{SID}}=\frac{|\boldsymbol{H}|}{|\boldsymbol{R}_{\text{es0\_SID}}^{i}|^{2}}\qquad(3-12)$$

$$\boldsymbol{u}_{\text{SID}}(t)=u_{0\_\text{SID}}+\omega_{\text{SID}}t\qquad(3-13)$$

各星瞬时地固系到轨道系转换矩阵 $\boldsymbol{A}_{\text{oi\_SID}}(t)$ 可表达如下

$$A_{\text{oi}}=\begin{bmatrix}-\sin u\cos\Omega-\cos u\cos i\sin\Omega&-\sin u\sin\Omega+\cos u\cos i\cos\Omega&\cos u\sin i\\-\sin i\sin\Omega&\sin i\cos\Omega&-\cos i\\-\cos u\cos\Omega+\sin u\cos i\sin\Omega&-\cos u\sin\Omega&-\sin u\sin i\end{bmatrix}$$

$$(3-14)$$

2）计算成员星对各目标的访问起始时间。

将目标 $Jd_{\text{et\_TID}}^{\text{WGS84}}$、$Wd_{\text{et\_TID}}^{\text{WGS84}}$ 转换为 WGS84 系坐标 $\boldsymbol{R}_{\text{et\_TID}}^{\text{WGS84}}$，其中 TID 为目标编号，有

$$R_{\text{et\_TID}}^{i}=\begin{bmatrix}\cos(-\omega_{\text{e}}t)&\sin(-\omega_{\text{e}}t)&0\\-\sin(-\omega_{\text{e}}t)&\cos(-\omega_{\text{e}}t)&0\\0&0&1\end{bmatrix}\boldsymbol{R}_{\text{et\_TID}}^{\text{WGS84}}\qquad(3-15)$$

建立卫星、地心、目标关系式 $\boldsymbol{R}_{\text{st}}^{\text{o}}=\boldsymbol{A}_{\text{oi}}\boldsymbol{R}_{\text{et}}^{i}-\boldsymbol{R}_{\text{es}}^{\text{o}}$，即

$$\boldsymbol{R}_{\text{st(SID,TID)}}^{\text{o}}=\boldsymbol{A}_{\text{oi\_SID}}\begin{bmatrix}\boldsymbol{R}_{\text{et\_TID}}^{i}(1)\\\boldsymbol{R}_{\text{et\_TID}}^{i}(2)\\\boldsymbol{R}_{\text{et\_TID}}^{i}(3)\end{bmatrix}-\begin{bmatrix}0\\0\\-|\boldsymbol{R}_{\text{es0\_SID}}^{i}|\end{bmatrix}$$

$$(3-16)$$

$$=\begin{bmatrix}A_{1}\sin u+A_{2}\cos u\\A_{3}\\A_{4}\sin u+A_{5}\cos u+A_{6}\end{bmatrix}$$

$$\begin{cases}A_{1}=-\cos\Omega_{\text{SID}}\,\boldsymbol{R}_{\text{et\_TID}}^{i}(1)-\sin\Omega_{\text{SID}}\,\boldsymbol{R}_{\text{et\_TID}}^{i}(2)\\A_{2}=-\cos i_{\text{SID}}\sin\Omega_{\text{SID}}\,\boldsymbol{R}_{\text{et\_TID}}^{i}(1)+\cos i_{\text{SID}}\cos\Omega_{\text{SID}}\,\boldsymbol{R}_{\text{et\_TID}}^{i}(2)+\sin i_{\text{SID}}\,\boldsymbol{R}_{\text{et\_TID}}^{i}(3)\end{cases}$$

$$(3-17)$$

由于目标绕地轴旋转，因此速度可近似分解为沿卫星轨道方向和沿轨道法相方向。卫星惯性系速度与自转牵连速度夹角为 β_{SID}，可得到参考轨道角速度 ω_r，即

$$V^i_{\text{e\_SID}} = \begin{bmatrix} -\omega_{\text{e}} R^{\text{WGS84}}_{\text{es0\_SID}}(2) \\ +\omega_{\text{e}} R^{\text{WGS84}}_{\text{es0\_SID}}(1) \\ 0 \end{bmatrix}, \quad \beta_{\text{SID}} = \arccos\frac{V^i_{\text{es0\_SID}} \cdot V^i_{\text{e}}}{|V^i_{\text{es0\_SID}}| \, |V^i_{\text{e}}|} \quad (3-18)$$

$$\omega_{\text{r}} = \omega_{\text{SID}} - \omega_{\text{e}}\cos(\beta_{\text{SID}}) \quad (3-19)$$

计算星下点推扫线对目标可见时间为

$$T_{\text{start0 (SID, TID)}} = \frac{\arctan\left(-\dfrac{A_2}{A_1}\right) - u_{0\_\text{SID}}}{\omega_{\text{r}}} \quad (3-20)$$

3）计算各星对各目标轨道系指向矢量。

用公式 $\boldsymbol{R}^{\circ}_{\text{st}} = \boldsymbol{A}_{\text{oi}} \boldsymbol{R}^i_{\text{et}} - \boldsymbol{R}^{\circ}_{\text{es}}$ 计算 $T_{\text{start0 (SID, TID)}}$ 时刻卫星 SID 的轨道系目标矢量 $\boldsymbol{R}^{\circ}_{\text{st(SID, TID)}}(T_{\text{start0 (SID, TID)}})$。

对于不同的推扫线 LID，可以相对星下点推扫线的 T_{start0} 为基准，计算 $T_{\text{start0 (SID, TID)}} + \text{d}t_{\text{(SID, LID)}}$ 时刻 $\boldsymbol{R}^{\circ}_{\text{st(SID, TID)}}(T_{\text{start0 (SID, TID)}} + \text{d}t_{\text{(SID, LID)}})$，$\text{d}t_{\text{(SID, LID)}}$ 为不同推扫线相对星下点扫目标时刻的提前或延后量，LID$=1$，2，$\cdots$，n，根据现有计算能力，一般 $n \leqslant 5$。

进一步，根据载荷在本体系安装关系，可得卫星起始姿态。

卫星载荷成像模式可以分为以下几种。

a）固定姿态推扫成像（条带），如图 3-9 所示。

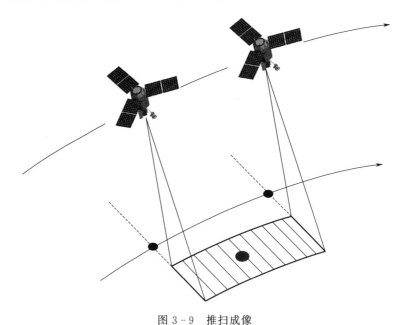

图 3-9　推扫成像

成像时长：$T_{\text{shoot(SID)}}$，每个卫星设置默认的单目标成像固定时长，当出现前后两次任务拼接后，该时长是可变的，在任务指令中更新。

起始时刻表达式为

$$T_{\text{start}(\text{SID},\text{TID},\text{LID})} = T_{\text{es0\_SID}} + T_{\text{start0}(\text{SID},\text{TID})} + \mathrm{d}t_{(\text{SID},\text{LID})}$$

起始矢量表达式为

$$\boldsymbol{R}^{\circ}_{\text{st}(\text{SID},\text{TID})}\left(T_{\text{start0}(\text{SID},\text{TID})} + \mathrm{d}t_{(\text{SID},\text{LID})}\right)$$

结束时刻表达式为

$$T_{\text{start}(\text{SID},\text{TID},\text{LID})} = T_{\text{es0\_SID}} + T_{\text{start0}(\text{SID},\text{TID})} + \mathrm{d}t_{(\text{SID},\text{LID})} + T_{\text{shoot}(\text{SID})}$$

结束矢量表达式为

$$\boldsymbol{R}^{\circ}_{\text{st}(\text{SID},\text{TID})}\left(T_{\text{start0}(\text{SID},\text{TID})} + \mathrm{d}t_{(\text{SID},\text{LID})}\right)$$

b）凝视成像（聚束），如图 3 − 10 所示。

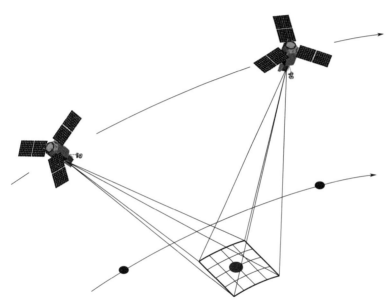

图 3 − 10　凝视成像

成像时长：$T_{\text{shoot}(\text{SID})}$，每个卫星设置默认的单目标成像固定时长，可上注修改，在任务指令中更新。

起始时刻表达式为

$$T_{\text{start}(\text{SID},\text{TID},\text{LID})} = T_{\text{es0\_SID}} + T_{\text{start0}(\text{SID},\text{TID})} + \mathrm{d}t_{(\text{SID},\text{LID})}$$

起始矢量表达式为

$$\boldsymbol{R}^{\circ}_{\text{st}(\text{SID},\text{TID})}\left(T_{\text{start0}(\text{SID},\text{TID})} + \mathrm{d}t_{(\text{SID},\text{LID})}\right)$$

结束时刻表达式为

$$T_{\text{start}(\text{SID},\text{TID},\text{LID})} = T_{\text{es0\_SID}} + T_{\text{start0}(\text{SID},\text{TID})} + \mathrm{d}t_{(\text{SID},\text{LID})} + T_{\text{shoot}(\text{SID})}$$

结束矢量表达式为

$$\boldsymbol{R}^{\circ}_{\text{st}(\text{SID},\text{TID})}\left(T_{\text{start0}(\text{SID},\text{TID})} + \mathrm{d}t_{(\text{SID},\text{LID})} + T_{\text{shoot}(\text{SID})}\right)$$

c）凝扫成像（滑动聚束），如图 3 − 11 所示。

对于凝扫成像，视线相当于始终对准目标下方 $\mathrm{d}h_{(\text{SID})}$ 处凝视，将目标 $Jd^{\text{WGS84}}_{\text{et\_TID}}$、

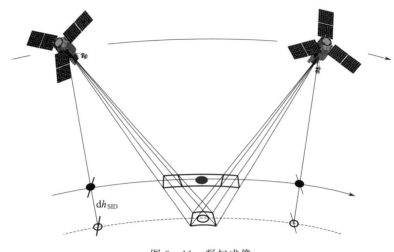

图 3 - 11　凝扫成像

$Wd_{\text{et\_TID}}^{\text{WGS84}}$ 转换为 WGS84 系坐标 $\boldsymbol{R}_{\text{et\_TID}}^{\text{WGS84}}$ 后，做如下处理，再以 $\boldsymbol{R}_{\text{et\_TID\_SID}}^{\text{WGS84}}$ 作为该星可见性计算的坐标。

$$\boldsymbol{R}_{\text{et\_TID\_SID}}^{\text{WGS84}} = \frac{\left| \boldsymbol{R}_{\text{et\_TID}}^{\text{WGS84}} \right| - \mathrm{d}h_{(\text{SID})}}{\left| \boldsymbol{R}_{\text{et\_TID}}^{\text{WGS84}} \right|} \boldsymbol{R}_{\text{et\_TID}}^{\text{WGS84}} \qquad (3-21)$$

成像时长：$T_{\text{shoot}(\text{SID})}$，每个卫星设置默认的单目标成像固定时长，可上注修改，在任务指令中更新。

起始时刻表达式为

$$T_{\text{start}(\text{SID},\text{TID},\text{LID})} = T_{\text{es0\_SID}} + T_{\text{start0}(\text{SID},\text{TID})} + \mathrm{d}t_{(\text{SID},\text{LID})}$$

起始矢量表达式为

$$\boldsymbol{R}_{\text{st}(\text{SID},\text{TID})}^{\circ} (T_{\text{start0}(\text{SID},\text{TID})} + \mathrm{d}t_{(\text{SID},\text{LID})})$$

结束时刻表达式为

$$T_{\text{start}(\text{SID},\text{TID},\text{LID})} = T_{\text{es0\_SID}} + T_{\text{start0}(\text{SID},\text{TID})} + \mathrm{d}t_{(\text{SID},\text{LID})} + T_{\text{shoot}(\text{SID})}$$

结束矢量表达式为

$$\boldsymbol{R}_{\text{st}(\text{SID},\text{TID})}^{\circ} (T_{\text{start0}(\text{SID},\text{TID})} + \mathrm{d}t_{(\text{SID},\text{LID})} + T_{\text{shoot}(\text{SID})})$$

3.3.2　星载地理信息系统模型

星载地理信息系统包含星载数字地图和星载数字高程，是对地球表面三维表述的手段，提供的海陆边界信息作为无线电和光学协同任务规划的环境态势输入，辅助星上目标特性识别、成像任务执行[15]。

针对上传的任务或实时发现的地面点目标，根据海面和陆地的区别，进行星上载荷成像模式设置或星载图像实时提取模式选择。

（1）星载数字地图

数字地图是在一定坐标系统内具有确定的坐标和属性的地面要素及现象的离散数据，

在计算机可识别的可存储介质上概括的、有序的集合。在计算机技术和信息科学高度发展的当今，仅靠纸制地图和一些零散的数字地图提供信息已无法满足需要，取而代之的是基于区域性或全球性的数字地图及各种各样的地图数据库管理系统和地理信息系统。

由于星载容量的限制，必须研究一种合适的数字地图数据存储模型，以减少数据的存储空间。目前，三维地形数据常用的存储模型有等距采样的方形规则网格和三角形不规则网格两种。通常地形数据的原始模型大多采用方形规则网络存储。其主要优点是数据表示紧凑、简单（只需高程值表示），而且便于分析处理和查询。其主要缺点是对地形的表示不尽合理，在平坦地区区域的采样间隔与复杂地形区域的采样间隔相同，导致平坦地形区域不必要的存储开销。同时，在三维地形绘制时，由于平坦区域的网格数与复杂区域的网格数相同，因此给平坦地形区域带来不必要的图形绘制开销。采用三角形不规则网格表示地形，可在平坦地形区域增大采样间隔，而在复杂地形区域减小采样间隔，实现采样间隔对不同地形的自适应，从而在三维地形绘制时，在平坦区域采用较小的网格数，而在复杂区域采用较多的网格数。总体来说，用较少的网格便可保持基本的地形地貌，大大提高图形绘制的速度和性能。但这种方法也存在一定的不足，由于其不规则性，需要存储每个三角形的三个顶点的三维坐标及各三角形之间的相邻关系，因此虽然地形的三角形不规则网格表示的采样间隔具有自适应性，但与方形网格只需存储采样点的高程数据相比，其所需的存储量不一定减少。

因此，这里选用采样多层二维矩阵来描述星载数字地图。例如，第一层矩阵用 1 代表机场、港口、城市等地区，而用 0 表示其他区域；第二层矩阵用 1 表示陆地区域，用 0 表示海洋；第三层矩阵用不同数字代表地形高度等。我们关心多少特征，就可以建立多少层矩阵，如图 3-12 所示。

0	0	1	0	0	0	1	1
0	0	1	1	1	1	1	0
0	0	1	1	1	1	0	0
1	1	1	1	1	1	0	0
0	1	0	0	0	1	0	0
0	0	0	0	0	1	0	0

图 3-12　稀疏矩阵

矩阵中的每一个坐标都代表地球上的某一点，针对上传的任务或实时发现的地面点目标，根据海面和陆地的区别，进行星上载荷成像模式设置或星载图像实时提取模式选择。

（2）星载数字高程

数字高程模型（digital elevation model，DEM）是由 NASA 和国防部国家测绘局（National Imagery and Mapping Agency，NIMA）联合测量处理得到的一种模型[16]。对于成像卫星来说，地面高程信息的缺失将导致成像时地面成像点的地理位置及像移补偿参数偏差，导致像移补偿失配，影响图像质量。因此，对于高分辨率高质量的遥感影像成像要求及像移补偿精度，必须考虑地面高程的影响，建立星载数字高程模型，用于相机成像实时像移补偿参数计算。

但是，由于全球 DEM 数据量巨大，而航天器的存储空间有限，且 DEM 内插查询需具有较高的效率，因此在综合考虑并分析像移补偿参数对 DEM 精度要求、航天器存储空间及 DEM 查询速度的情况下，建立满足星载要求的数字高程模型。

为降低 DEM 的数据量，在高精度 DEM 数据源的基础上增大高程采样间隔，建立较大格网间距的稀疏数字高程信息，并以一定的结构与格式存储，便于 DEM 数据的读取与查询[17]。

星载 DEM 采样按照规则矩形格网采取等间距的经纬度方向高程数据，星载 DEM 格网一般比原始 DEM 稀疏，其各格网节点高程值可利用各格网区域中心周围的原始 DEM 各高程值取平均计算得到。在实际应用中，可以将不同采样间隔的 DEM 配合使用。根据成像任务，在全球区域建立遥感重点区域和普通区域，重点区域采用小格网间隔的 DEM，普通区域采用相对较大格网间隔的 DEM，这样既可以节约存储空间，又可以很好地满足成像质量的要求。

3.3.3 卫星运行环境模型

星载遥感载荷对地表光照条件有一定要求，星载自主任务规划需根据太阳、月亮星历，具备太阳、月亮位置预报功能[18]。通过星历数据建立太阳和月亮在惯性系中的单位矢量简易预报模型，并根据惯性系和卫星轨道系的预测姿态转换矩阵转换为卫星轨道系中的单位矢量。

（1）太阳高度角计算模型

太阳高度角指太阳光线和地面目标所在地平面的夹角，其计算流程如图 3-13 所示。

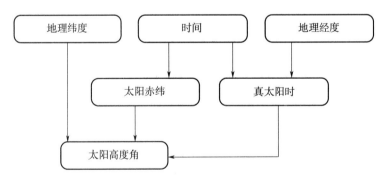

图 3-13　太阳高度角的计算流程

太阳高度角计算公式为

$$\sin H_s = \sin\phi \times \sin\delta + \cos\phi \times \cos\delta \times \cos t \qquad (3-22)$$

太阳方位角为

$$\cos A_s = (\sin H_s \times \sin\phi - \sin\delta) \div (\cos H_s \times \cos\phi) \qquad (3-23)$$

式中　H_s——太阳高度角；

　　　ϕ——地理纬度；

δ ——太阳赤纬；

t ——时角。

下面还需计算太阳赤纬和时角。

太阳赤纬的计算公式为

$$\delta(\deg) = 0.006\ 918 - 0.399\ 912\cos b + 0.070\ 257\sin b - 0.006\ 758\cos 2b$$
$$+ 0.000\ 907\sin 2b - 0.002\ 697\cos 3b + 0.001\ 48\sin 3b$$

$$(3-24)$$

式中　$b = 2 \times \mathrm{PI} \times (N-1)/365$；

　　　N ——每年从 1 月 1 日起距计算日的天数；

　　　PI——圆周率；

　　　deg——角度度数。

时角 t 由太阳时进行（也称真太阳时）计算，太阳时角在正午时分为零（位于天空的正中间），日出时为 $-90°$，日落时为 $+90°$，平均每小时时角变化为 $15°$。太阳时角计算公式如下：

太阳时角的计算公式为

$$t = (真太阳时 - 12) \times 15°$$

我国使用的是北京时间，当北京处于中午 12 点时，太阳大致处于天空正中间，但是其他地方，如新疆显示 12 点时，太阳才刚升起。因此，计算不同经度的真太阳时要计算由于经度不同带来的时差，即

$$真太阳时 = 平太阳时 + 真太阳时时差$$

平太阳时是以当地的时钟时（以经度为准的时钟时，非北京时间）为标准，真太阳时的时差每天都不同，并没有特定的规律，只能通过查时差表得到。下面以北京为例，假设北京的经度是东经 121°，计算 4 月 14 日时钟时为 12:00 的真太阳时。

首先，时钟时间是 12:00，是指东经 120° 时间，则东经 121° 时间为

$$12:00 - (120-121) \times 4\ 分 = 12:04:00$$

经查表得知，4 月 14 日时差是 13 s，那么北京的真太阳时应该为

$$12:00 - (120-121) \times 4\ 分 + (0\ 分\ 13\ 秒) = 12:04:13。$$

也就是说，当时钟显示 12:00 时，真正太阳时已经是 12:04:13 了，对应的太阳时已经不是在天空的正中间，而是偏西一点。

（2）月光反照计算模型

在天文学中，月相形成过程如图 3-14 所示。月球本身不发光，被太阳照射的部分向外反射太阳光，所以月球上只有向阳的那一半才能被照亮，另一半则是阴影面。在地球上只能看到朝向地球的这一半月球，另一半是月球背面，无法看到。所以，月相就是从地球上看到的这一半月球和被太阳照亮那一半月球的重叠部分，月相仅仅取决于太阳照射月球的角度和我们观测月球的角度。

对于某些可见光传感器来说，当太阳高度角不满足要求而月光反照计算满足要求时也

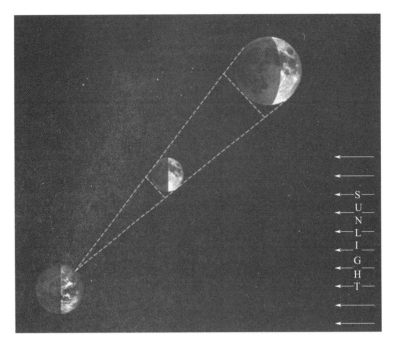

图 3-14　月相形成过程（非等比例）

可以进行成像。因此，计算月光反照模型就变得十分重要。

现有计算月相模型的方法包括根据月相变化规律推算未来某一天的月相情况；根据复杂的星历表计算出某一时刻太阳和月亮的位置，进而推导出当前时刻的月相。

以下给出可用于实时仿真系统的太阳、月亮视位置计算模型。

1）太阳视位置的计算。

在天文学中计算太阳的赤道视坐标，一般先求太阳在黄道上的视位置，然后经过坐标转换成赤道坐标。根据国际天文学会的协议，现在采用的太阳平均轨道要素包括对于当天平春分点的太阳几何平黄经 L_0、近地点角距 ω、平近点角 M、轨道偏心率 e、黄赤交角 ε。轨道要素的计算如下

$$L_0 = 280°27'57.85'' + 129\ 602\ 771.36''T + 1.089''T^2 \tag{3-25}$$

$$\omega = 282°56'14.45'' + 6\ 190.35''T + 1.655''T^2 + 0.012''T^3 \tag{3-26}$$

$$M = 357°31'39.804'' + 129\ 596\ 581.04''T - 0.577''T^2 - 0.012''T^3 \\ + 6.4''\sin(251.4° + 20.2°T) + 1.9''\sin(207.5°) + 150.3°T \tag{3-27}$$

$$e = 0.016\ 708\ 617 - 0.000\ 042\ 04T - 0.000\ 000\ 123\ 6T^2 \tag{3-28}$$

$$\varepsilon = 23°26'21''.448 - 46.815''T - 0.000\ 59''T^2 + 0.001\ 813''T \tag{3-29}$$

式中　　T ——观测时刻至基准历元的儒略世纪。

由下式可以算出太阳轨道根数的改正中心差 v、真近点角 f 及太阳向径 γ

$$\begin{cases} v = (2e - 4e^3)\sin M + \left(\dfrac{5}{4}e^2 - \dfrac{11}{24}e^4\right)\sin 2M \\[3mm] f = M + v + \dfrac{13}{12}e^3\sin 3M + \dfrac{103}{96}e^4\sin 4M \\[3mm] \gamma = \dfrac{1.000\ 001\ 017\ 8(1 - e^2)}{1 + e\cos f} \end{cases} \tag{3-30}$$

建立如下太阳垂直坐标：以地心为原点，X 轴和 Y 轴在赤道平面上，X 轴朝向春分点，Y 轴在 X 轴之东 $90°$，Z 轴朝向北天极，则太阳在垂直坐标系下的三个坐标为

$$\begin{bmatrix} X \\ Y \\ Z \end{bmatrix} = \boldsymbol{NP}\gamma \begin{bmatrix} \cos(f + \omega) \\ \sin(f + \omega)\cos\omega \\ \sin(f + \omega)\sin\omega \end{bmatrix} \tag{3-31}$$

式中　$\boldsymbol{N}$ ——章动改正矩阵；

　　　$\boldsymbol{P}$ ——岁差改正矩阵。

由此可知，太阳平赤经 α_{sun} 和平赤纬 δ_{sun} 为

$$\alpha_{\text{sun}} = \arctan(Y/X) \tag{3-32}$$

$$\delta_{\text{sun}} = \arctan(Z/\sqrt{X^2 + Y^2}) \tag{3-33}$$

2）月球视位置的计算。

可从月球运动的分析理论得到一些简化公式，以减少求解模型的计算量。这些公式采用级数展开的形式表述月球轨道运动的平均参数，既加快了运算速度，又不损失计算精度。计算月球视位置的基本参数包括月球的平黄经 L_0、月球的近地点黄经 l、太阳的近地点黄经 l'、月球的升交点幅角 $F = L_0 - \Omega$、太阳的平近点角 M、日月平经度之差 D，其计算公式为

$$\begin{cases} L_0 = 218.316\ 17° + 481\ 267.880\ 88° - 4.06''T^2 \\ l = 134.962\ 92° + 477\ 198.867\ 53°T - 33.25''T^2 \\ l' = 357.525\ 43° + 35\ 999.049\ 44°T - 0.58°T^2 \\ F = 93.272\ 83° + 483\ 202.018\ 73°T - 11.56°T^2 \\ M = 357°31'39.804'' + 129\ 596\ 581.04''T - 0.577''T^2 - 0.012''T^3 + \\ \quad\quad 6.4''\sin(251.4° + 20.2°T) + 1.9''\sin(207.5°) + 150.3°T \\ D = 297.850\ 27° + 445\ 267.111\ 35°T - 5.15''T^2 \end{cases} \tag{3-34}$$

利用上面的参数，月球在黄道面上相对于春分点的经度和纬度可表示为

$$\begin{aligned} \lambda_{\text{m}} = {} & L_0 + 22\ 640''\sin l + 769''\sin 2l - 4\ 586''\sin(l - 2D) + 2\ 370''\sin 2D - 668''\sin l \\ & - 412''\sin 2F - 212''\sin(2l - 2D) + 206''\sin(l + M - 2D) + 192''\sin(l + 2D) \\ & - 165''\sin(M - 2D) + 148''\sin(l - M) - 125''\sin D - 110''\sin(l + M) \\ & - 55\sin(2F - 2D) \end{aligned}$$

$$\tag{3-35}$$

$$\beta_m = 18\,520'' \sin(F + \lambda - L_0 + 412'' \sin 2F + 541'' \sin M) - 526'' \sin(F - 2D)$$
$$+ 44'' \sin(l + F - 2D) - 31'' \sin(F - l - 2D) - 25'' \sin(F - 2l)$$
$$- 23'' \sin(M + F - 2D) + 21'' \sin(F - l) + 11'' \sin(F - M - 2D)$$

$$(3 - 36)$$

式（3-35）和式（3-36）忽略了 150 km 的项，因此可以由黄道面至赤道面坐标的转换公式得到月球在赤道坐标系下的坐标为

$$\sin \delta_{moon} = \cos \beta_m \sin \lambda_m \sin \varepsilon + \sin \beta_m \cos \varepsilon$$
$$\cos \alpha_{moon} \cos Dec_{moon} = \cos \beta_m \cos \lambda_m \qquad (3-37)$$
$$\sin \alpha_{moon} \cos \delta_{moon} = \cos \beta_m \sin \lambda_m \cos \varepsilon - \sin \beta_m \sin \varepsilon$$

坐标转换：空间坐标的转换是指将上述岁差、章动等修正得到的当前观测时刻天体在赤道坐标系中的坐标统一转换到观测点坐标，得到天体在指定时刻相对于观测者的视位置。球面天文学中求取天体高度方位的公式为

$$\sin h' = \sin \varphi \sin \delta + \cos \varphi \cos \delta \cos LHA \qquad (3-38)$$

$$\cos A = \frac{\sin \delta - \sin \varphi \sin h}{\cos \varphi \cos h} \qquad (3-39)$$

式中　(δ, φ)——观测者所在经纬度；

　　　(h, A)——天体相对于观测者的仰角和方位角；

　　　LHA——天体地方时角。

LHA 的计算公式为

$$LHA = 100.075\,54° + 0.985\,647\,348°(JD - 2\,400\,000.5 - GMT/24 - 33\,282)$$
$$+ 15.041\,07° GMT - \alpha + \lambda$$

$$(3-40)$$

式中　JD——儒略日；

　　　GMT——世界时。

考虑到大气折射对观测高度的影响，最后进行蒙气差的修正。天文航海上求蒙气差的公式为

$$\rho_0 = 1.001\,45' \cot h' - 0.001\,11' \cot h' \qquad (3-41)$$

这样，就可以得到天体相对于测者的高度公式为

$$h = h' + \rho_0 \qquad (3-42)$$

月相的变换：月球在一个月内围绕地球公转，形成了不同的日月地几何关系，产生了周期变化的月相。

（3）星上云标绘模型

为了最大限度地降低云层的影响，在准确获取云层信息的前提下，通过图像识别等技术，实现自动准确的云检测、云预测、实时云观测等[19]。另外，通过一种云筛选方法，使得只有未被云层遮挡的部分才能存储和回传，节省卫星资源；在生成卫星数据产品时，使用云层去除技术对图像进行处理，从而降低薄云的影响。

星上的云层信息来源于两个方面：一是地面上注气象云图数字化模型；二是星上云判相机实时识别描绘[20]。下面按云层信息来源分别介绍两种云层描述的方法。

1）基于地面实时上注的云描绘模型。

在面向中短期任务规划时，一般将气象卫星实时获取的云信息进行上注。针对这一种情况，建立以下云模型描绘方案。

根据云层信息特点，通过计算带有云量等级的遮挡窗口描述云层遮挡对成像质量的影响，并设计遮挡窗口投影规则。

云层信息的加入有利于贴近工程的实际应用，但同时也增加了卫星任务规划的复杂程度。云层遮挡使卫星成像质量下降，为了规避云层，卫星将通过俯仰和侧摆动作从云缝中对目标成像，但成像分辨率也会下降。如何在可见窗口内利用卫星机动能力有效避开云层，获得收益的最大化，是需要考虑的主要问题。

假设卫星携带的云层观测器可以实时获取云层信息，包括云量等级、云层高度和位置。地面或星上可对云层信息进行描述，并计算遮挡窗口，从而指导卫星更好地规避云层。

云层信息描述：不同厚度及密度的云层对成像质量的影响差别较大，可以使用云量等级的概念描述这一影响。将云层分为 0~10 共 11 个等级，当云量等级为 10 时，表示目标被云层完全遮挡；为 0 时则表示没有云层遮挡。云量等级越高，遮挡程度越大，相应成像质量越差。

对于一整块云层，若采用同样的云量等级描述其对成像质量的影响是不合理的。依据任何不规则的多边形都可以由多个三角形拼接而成的性质，将每块复杂不规则的云层视为多个三角形云层的拼合，如图 3-15 所示。假设一个不规则多边形为一整块云层，可以根据不同区域云量等级的不同，将整个不规则多边形进行分解，三角形内部数字则代表此处的云量等级。

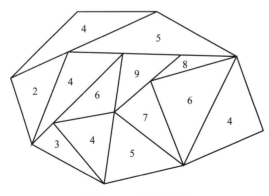

图 3-15　简易云层

为满足遮挡窗口对算法时效性的要求，可采用预判加二分法思想计算云层遮挡时间窗口。其计算过程可分为三步，分别是云层遮挡预判、详细计算遮挡点和二分法确定遮挡时间，如图 3-16 所示。

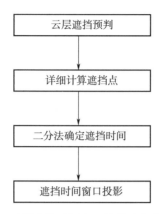

图 3-16　云层遮挡时间窗口计算流程生成网格图

a）云层遮挡预判：由于卫星对于目标成像的最大可见范围是固定的，若某云层与目标的相对距离超过了这一范围，则直接可以判断此云层对于目标不构成遮挡。通过云层遮挡预判可有效减少算法计算量。

b）详细计算遮挡点：预判后，需要通过空间几何法精确计算卫星与目标点的连线，进一步判断是否构成遮挡。根据卫星轨道预报结果，可以得到 t 时刻卫星星下点坐标及卫星高度，卫星同目标点的连线会穿过云层所在球面，由于云层位置信息已知，利用空间几何，容易计算出交点坐标，分析交点是否处于云层形成的区域内，即可判断 t 时刻该目标点是否被云层遮挡。

c）二分法确定遮挡时间：首先需要确定遮挡窗口的时刻，然后以此时刻为基点分别向两端推进，寻找最早和最晚遮挡时间。其具体做法如下：取一个要进行计算的可见窗口，首先判断可见窗口的开始时刻是否被云层遮挡，若不遮挡，则以 10 s 为步长向后推进，直到找到一个时刻被云层遮挡。以此时刻为基点，以观测时间窗口的一半作为步长分别向两侧推进，若找到某个时刻不再被遮挡，则向推进方向的反方向取上一推进步长的一半进行推进，直到最后的相差时间小于 1 s，即可确定遮挡窗口。

d）遮挡时间窗口投影：由于遮挡窗口与可见窗口的相对位置不确定，因此一个可见窗口可能对应多个遮挡窗口，不同的遮挡窗口对应的云量等级也可能不同。为了寻找最优成像时间，需要将多个遮挡窗口投影到可见窗口上，计算不同位置成像质量。具体的投影规则是将每段遮挡窗口的开始时间与结束时间对应投影到可见窗口上，并标注遮挡云层的云量等级。当多个遮挡窗口有重叠部分时，重叠时间段的多个云层的云量等级应当进行叠加，最大值为 10，即目标被云层完全遮挡。

2）基于云判相机数据的描绘模型。

星上搭载前视云判相机，结合星上高速图像处理，可在轨实时送出引导视场范围内的云层覆盖信息。当目标有云覆盖时，可选择 SAR 成像载荷或将目标从待规划目标库剔除，不安排受云影响的成像任务，增加星上任务规划效率，减少无效数据量。研究云判输出数据的星上存储、管理与协同规划利用方式，可有效提高成像载荷数据有效率和星上效率。

星上云判相机实时成像推帧如图 3-17 所示，其中颜色越深的网格表示云层越厚，可根据区域网格的实时标记信息判别哪些区域可以执行任务，进一步引导成像载荷的下一步工作。

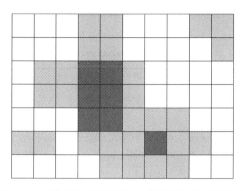

图 3-17　星上云判相机实时成像推帧生成网格图

3.4　小结

卫星在工作时可作为一个整体，其包含姿态轨道控制、星务计算机、电源、结构、热控、数传、测控等各个子系统，各部分必须协调一致，卫星才能有效工作。因此，卫星会受到各种条件约束，有的来自任务本身约束，有的则来自卫星平台及有效载荷约束等。对此，本章在总结自主任务规划基本流程的基础上，全面地梳理了任务规划中处理过程涉及的各类约束，如任务约束、卫星约束、地面站约束、环境约束等，给出了自主任务规划约束满足求解模型，主要包括可见时间窗计算模型、星载地理信息系统模型、卫星运行环境模型。本章是后续章节相关研究内容的边界输入，是区别不同任务的主要特征体现，为后续章节的研究基础。

参 考 文 献

［1］ 张飞宇. 基于演化规则的星上自主任务规划方法研究［D］. 长沙：国防科技大学，2018.

［2］ 何永明. 敏捷卫星自主任务规划系统与重规划方法研究［D］. 长沙：国防科技大学，2016.

［3］ 贺仁杰，高鹏，白保存，等. 成像卫星任务规划模型、算法及其应用［J］. 系统工程理论与实践，2011，31（3）：411-422.

［4］ 刘雯，李立钢. 基于STK/Scheduler的空间天文卫星任务规划研究［J］. 遥感技术与应用，2014，29（6）：908-909.

［5］ 刘林. 航天器轨道理论［M］. 北京：国防工业出版社，2000.

［6］ 于志坚. 航天器轨道确定：模型与算法［M］. 北京：国防工业出版社，2007.

［7］ JOHNSTON M D, GIULIANO M. MUSE：The multi - user scheduling environment for multi - objective scheduling of space science missions［C］. Proceedings of IJCAI - 09 Workshop on Artificial Intelligence in Space，Pasadena，California，2009.

［8］ TICKER R L, AZZOLINI J D. 2000 survey of distributed spacecraft technologies and architectures for NASA's earth science enterprise in the 2010 - 2025 Timeframe［R］. NASA/TM，2000：209 - 964.

［9］ 张育林，增国强，王兆魁，等. 分布式卫星系统理论及应用［M］. 北京：科学出版社，2008.

［10］ 冯振欣，郭建国，周军. 微小卫星多约束姿态机动规划方法［J］. 宇航学报，2019，40（10）：1205 - 1211.

［11］ 魏德宾，刘健，潘成胜，等. 卫星网络中基于多QoS约束的蚁群优化路由算法［J］. 计算机工程，2019，45（7）：114 - 120.

［12］ 郭雷. 敏捷卫星调度问题关键技术研究［D］. 武汉：武汉大学，2015.

［13］ 马鑫. 复杂约束下的卫星结构机构设计与动力学仿真分析［D］. 北京：中国科学院研究生院（空间科学与应用研究中心），2015.

［14］ 廉振宇，谭跃进，严珍珍. 敏捷卫星调度的时间约束推理方法［J］. 系统工程与电子技术，2013，35（6）：1206 - 1211.

［15］ 康耀红. 数据融合理论与应用［M］. 西安：西安电子科技大学出版社，1997.

［16］ LEMOINE F G, FACTOR J K, KENYON S C. The development of the joint NASA GSFC and the National Imagery and Mapping Agency（NIMA）geopotential model EGM96［M］. Greenbelt，Maryland，USA：National Aeronautics and Space Administration，Goddard Space Flight Center，1998.

［17］ 靳国旺. InSAR获取高精度DEM关键处理技术研究［D］. 北京：解放军信息工程大学，2007.

［18］ 崔本杰，钱丰，张永贺，等. 卫星自主任务规划星载知识库设计方法及系统：CN111950874A［P］. 2020 - 11 - 17.

［19］ 何磊，刘晓路，陈英武，等. 面向敏捷卫星任务规划的云层建模及处理方法［J］. 系统工程与电子技术，2016，38（4）：852 - 858.

［20］ 张寅，马俊，闫钧华，等. 基于有限邻域辐射传输的三维云层多次散射近似模型［J］. 光子学报，2020，49（12）：186 - 196.

第 4 章　协同任务及星上任务预处理

本章将针对典型的卫星协同应用场景，从空间域、时间域、目标域和信息域等维度对任务进行描述和分解[1,2]。对卫星复杂任务要素进行预处理，处理过程包括观测匹配与约束裁剪、可见时间窗求解、载荷数据量预估等，构建卫星基本任务单元——元任务，作为后续自主任务规划的任务集合。

4.1　多星协同任务

卫星应用根据卫星任务需求和特点可以从多种维度进行划分与描述，具体如下[3]。

从任务的紧急程度进行划分，卫星任务可以分为常规任务和应急任务。常规任务以全球及重点区域的常态化、全面化观测、重要目标基础信息库建立和重点区域环境观测为主要任务；应急任务主要用于应对紧急任务需求，如失联飞机搜救、森林火场勘测、海空域非法入侵监视、护航任务保障等。

从任务流程维度进行划分，卫星系统所能承担的任务可以划分为搜索发现、识别确认、连续监测、引导指示、效果评估、信息传输和信息分发等。

从区域范围维度进行划分，卫星任务可以划分为全球范围内目标观测、局部重点/热点区域目标的观测等。

从卫星载荷体制维度进行划分，卫星任务可以细分为无线电接收、可见光成像、红外成像及 SAR 成像[4]等。

从卫星时空尺度进行划分，卫星任务可以分为单星任务、多星编队任务、多星组网任务、高低轨卫星协同任务、连续观测任务及有重访要求的观测任务等。

经过以上对卫星任务的多维度分析，工程上一般以表格的形式，从空间域、时间域、目标域和信息域等维度对用户的需求进行描述，对卫星应用需求要素进行预处理，构建卫星元任务单元模型。

（1）空间域

空间域又称为图像空间（image space），是由图像像元组成的一个空间。在图像空间中以长度（距离）为自变量直接对像元值进行处理称为空间域处理。用户需求的空间域是从实际需求出发，卫星对地理空间范围进行观测得到的图像空间。空间域的确定应综合两个方面的因素：任务和主要任务区域的分布。考虑到我国的实际情况与切身利益，可以将我国的空间域分为本土陆地、近海海域、远海海域等区域[5]。

（2）时间域

时间域指的是卫星系统所应具备的时间分辨率或时效性指标需求，包括重访间隔、数据处理时间延迟、观测持续时间、观测过程中数据刷新率、信息传输时间延迟等。重访间隔指卫星利用侧摆快速拍摄同一地点时所需的时间间隔，数据处理时间延迟指的是处理卫星数据所需的时间，观测持续时间指的是卫星对某一目标能够持续观测的最长时间，观测过程中数据刷新率指在观测过程中数据更新的频率，信息传输时间延迟是卫星数据传输所需的时间。

（3）目标域

目标域即任务针对的具体对象，可以分为地面、海面、空中等目标。地面目标包括城市、山林、港口、地点、交通咽喉等，海面目标包括货轮、游轮等民用船舶，空中目标包括客机、运输机等目标。掌握典型目标本身的特性（如运动、几何、光谱、微波、发射信号等）和目标引发的环境效应（如磁场变化、船舶尾迹等），初步分析这些要素的变化规律、典型量值、传播特性等，可以为典型目标观测技术手段/技术体制提供具体的支撑。

（4）信息域

信息域主要指信息获取能力，如无线电频谱及指标需求、SAR 成像频段及相关指标需求、光学成像卫星定位精度和分辨率指标、红外温度分辨率需求、多载荷信息融合需求等[6,7]。针对目标连续监测任务，任务分解描述如表 4-1 所示。

表 4-1　目标连续监测模式用户需求分解

	任务名称	目标连续监测任务
任务标识	任务 ID	＊＊＊＊
	任务优先级	一般为 1～9，数字越大，越优先
	…	
空间域	任务经度	
	任务纬度	
	区域经度	目标海域、目标陆域、目标航线
	区域纬度	
	…	
时间域	起始时刻	
	持续时间	
	时间间隔	一般描述开始任务时间、持续时间、间隔时间等
	信息更新率	
	…	
目标域	目标编号	
	目标经度	
	目标纬度	描述目标的编号、经纬度、特征等
	身份属性	
	…	

续表

信息域	载荷类型	目标连续监测能力、时间分辨率、图像分辨率、目标定位精度、目标测速测向精度、系统灵敏度等。 天基信息保障装备：无线电接收卫星、成像卫星、SAR卫星。 建立目标航迹：一般需要 3～5 个目标点迹。 可提供无线电接收、光学图像等多种类型数据，可适应昼夜、恶劣天气、无线电关闭等多种工作条件
	分辨率要求	
	谱段要求	
	频段要求	
	温度分辨率要求	
	定位精度要求	
	航迹要求	
	多载荷融合要求	
	…	

4.2 星上任务预处理

任务预处理过程指的是对地面上注及星上自主发现的复杂任务进行分解、观测约束匹配与裁剪、任务执行时间窗计算等预处理操作，进而生成下一步星上任务规划的输入元任务集合的过程。星上任务预处理是多星协同对目标观测调度过程的一个重要组成部分，为建模与求解提供若干备选的元任务，其核心内容是复杂任务分解和任务执行时间窗计算[8,9]。

任务规划预处理的一般流程可描述如下。

（1）复杂任务分解

描述复杂任务的目的在于形成一个标准化的数据接口，用于支持星上获取来自地面或星上自主发现任务的时间域、空间域、用户域、目标域、优先级等多维属性，在此基础上开展后续的任务分解与规划[10]。星上根据上注的复杂任务，进行特定工作模式下的任务分解。将区域目标观测任务、周期性观测任务、多目标观测任务、多维度观测任务逐层分解为单目标、单载荷、单模式任务，并创建对应每个子任务的所有对地观测活动。

（2）任务最佳观测资源匹配

任务最佳观测资源匹配是为了确定完成上述分解后的对地观测任务的可选星上资源（具体到各个类型的星载遥感设备），其主要依据是需求的图像类型和地面分辨率是否匹配。另外，对于没有匹配资源的任务，将会直接删除对应的观测任务[11]。对于潜在的任务集合，对受卫星资源状态、载荷视场等约束的任务目标进行裁剪，减少引入下一步目标与卫星匹配的可见时间窗计算的数据量。

（3）任务执行时间窗计算

任务执行时间窗计算一般包括卫星对地面目标成像时间窗与卫星对地面站下传时间窗，根据卫星当前的轨道位置、地面目标经纬度和运动规律，预测未来数十秒、数轨乃至数天后对目标的可见弧段和成像姿态指向信息。此外，时间窗还需要考虑观测任务目标与其各可选资源的可见时间窗口，并根据天气预报，考虑每个时间窗是否满足执行活动所要求的云层覆盖率和太阳高度角等条件，不满足条件的时间窗将被删除，而对最终没有可用时间窗的活动也将直接删除相应的观测任务。

（4）载荷数据量估计

根据以上卫星对地面目标的元任务分解结果，可以对目标可见性结果进行计算，从而得到每个元任务的成像数据量[12]。

任务预处理的基本步骤如图 4-1 所示。

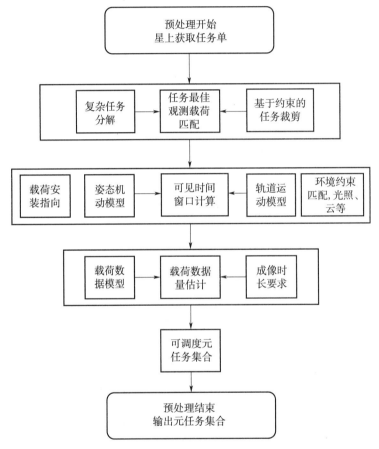

图 4-1　任务预处理的基本步骤

经过预处理过程后，协同任务被分解成可调度的元任务，方便问题的建模，同时滤除了不符合要求的成像任务及不能满足要求的时间窗口任务，使得原问题得到了一定程度的简化，有效削减了不必要的解搜索空间。另外，所有任务的形式完成了统一，能够使用相同的数据格式表示与任务和资源相关的属性和约束，从而为建模过程提供了直接的数据输入，可作为自主任务规划模型的直接输入[13]。

4.3　星上任务预处理实现技术

4.3.1　复杂任务分解

复杂任务分解是指把多目标成像任务、区域目标观测任务、周期性观测任务等复杂任务分解为统一的单星可一次性完成的元任务，并创建对应的对地观测活动[14]，如图 4 - 2 所示。元任务指卫星成像载荷可一次推扫成像的条带及其可见时间窗口信息，其属性如表 4 - 2 所示。

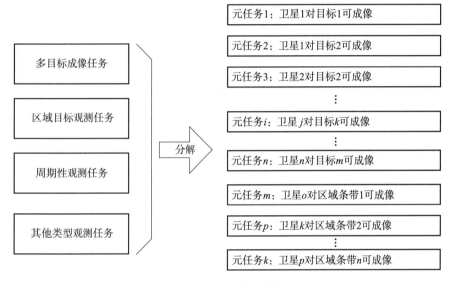

图 4 - 2　复杂任务分解

表 4 - 2　元任务属性

属性	含义
元任务标识	用于标识不同的元任务
任务标识	用于标识不同的任务
条带坐标信息	包括条带的四个顶点坐标和起止中心点坐标
可见时间窗口	卫星对条带起点中心点的可见时间窗口
成像时长	卫星推扫条带所需时间
卫星起始姿态	卫星在时间窗口开始时刻对条带起始中心点的指向姿态
⋮	⋮

卫星基本任务单元的划分应遵循以下原则。

1）独立性：分解后的元任务之间应该是相对独立的，任务之间不存在包含关系、从属关系及上下层关系。

2）有限性：分解后的元任务数目是有限的，若元任务是无限的，则此任务无法完成。

3）层次性：任务的分解应该自顶向下，由复杂到简单，一个复杂的任务可以划分为多个简单的子目标任务，而子目标任务再根据卫星的载荷使用约束分配资源划分为多个元任务。

4.3.2 典型载荷工作模式及工作过程

（1）光学成像卫星

光学成像卫星是具有三维观测自由度的观测卫星，运行在近地轨道上，高速绕地球飞行，获取星下点附近一定区域范围内的影像信息。传感器一般多采用线阵列 CCD（charge coupled device，电荷耦合器件）探测器，按照推扫式扫描成像，可获取 $10\sim20$ km 范围内的目标影像信息。为了增大对地覆盖率，卫星通过灵活的姿态控制能力实现侧摆、前视及后视成像。一般的敏捷卫星具有四种成像工作模式，分别为同轨多点目标成像工作模式、动态扫描成像工作模式、同轨多条带拼接成像工作模式、同轨立体成像工作模式。

敏捷卫星由于其质量小、姿态调整敏捷且精度高，可以边调姿边开机，卫星开机后不需要稳定时间便可以成像；而非敏捷卫星会受到开关机时间、开机后稳定运行时间及观测侧摆角转换时间的约束。敏捷卫星有三轴稳定系统，姿态调整时，俯仰、侧摆、偏航可以同时进行，只要能量允许，互相不会影响彼此的动作执行；非敏捷卫星只能对侧摆角度进行调整。敏捷卫星设计复杂，成像模式多，可以完成多种方式的任务需求[15]。

以下列举成像卫星的几种工作模式。

1）线阵推扫：配置 TDI（time delay integration，延时积分）线阵推扫成像载荷，需要卫星运动产生的地速进行积分成像，一般需要依靠姿态偏流角修正。

2）面阵凝视：在卫星飞行过程中，光轴始终指向目标点，依靠姿态机动连续监测完成。面阵凝视一般为面阵相机或视频相机工作模式。

3）面阵凝扫：某些高光谱载荷需要进行一定地速补偿，如降低地速到 $1/4\sim1/2$，卫星视线相当于对地表一点进行凝视，地面则为降速后的凝扫。

4）立体成像：卫星对特定目标先前视成像，再快速机动后视对同一目标成像。

5）非沿迹成像模式：通过姿态机动产生推扫像移速度，可进行非沿卫星星下点飞行轨迹成像。

光学成像卫星是指安装相机或者摄像机从卫星上对地进行摄影观测的卫星，其主要是利用目标和背景反射或辐射的电磁波差异发现和识别目标。光学成像卫星的类别包括可见光、红外、光谱等。光学成像方式有框幅式、推扫式和全景式等，采用最多的成像方式是 CCD 阵列推扫式成像。

（2）SAR 成像卫星

合成孔径雷达（SAR）是一种全天候、全天时的现代高分辨率微波侧视成像雷达，它是一种主动微波遥感仪器，通过卫星上的雷达天线不断发射脉冲信号，并接收地物反射信号来获取地物信息。不同于光学成像卫星单纯依靠机械性摆动调整拍摄角度，SAR 成像卫星一般选择不同波段改变微波入射角度（同时具备天线转动和依靠波位调整拍摄位置的能力），从而确定成像范围。SAR 卫星的具体成像方式由星载 SAR 的工作模式确定。星载 SAR 的工作模式有多种，主要包括条带模式（StripMap）、聚束模式（SpotLight）、扫描模式（ScanSAR）、滑动聚束模式（SlideSpot）和干涉 SAR（InSAR）。其中，条带模式、聚束模式和扫描模式是 SAR 的基本工作模式，条带模式通常为标准工作模式。

InSAR 不同于一般 SAR 成像，其主要用于获取三维图像和变化信息。干涉 SAR 测量技术是以 SAR 复位数据提取的相位信息为信息源获取地表的三维信息和变化信息的一项技术。目前由于星载 SAR 系统安装两部天线较为困难，因此一种近似的实现方法是重复飞行干涉，即将同一卫星在两次重复飞行（轨道稍有差异）中获得的 SAR 数据当作同一时刻获得的数据进行干涉，并假设地面目标在观测时间间隔内变化很小，天气等因素的影响可以忽略不计。实际上，这种星载 InSAR 实现模式同时存在时间和空间两种基线，即混合基线。时间基线的存在会使两幅图像的相关性减小，这一现象称为时间相关损失。地面上物体状态的变化、大气变化引起的介电常数的变化及气候的变化等因素都会引起时间相关损失，从而降低干涉图质量，使测高精度变差。InSAR 的测量模式一般包括交轨干涉测量、顺轨干涉测量和重复轨道干涉测量。

（3）无线电类载荷

无线电类载荷具有诸多优点，例如，可以全天时全天候进行检测，不受时间天气的影响；可以快速发现无线电终端设备，瞬时覆盖范围广；可以进行大规模的区域搜索。同时无线电载荷的技术也较为成熟，处理速度快、可靠性高。较为常用的无线电载荷有自动船舶识别系统（automatic identification system，AIS）与广播式自动相关监视（automatic dependent surveillance - broadcast，ADS - B）。依据 IMO《国际海上人命安全公约》规定，大于 300 t 的海运船舶均需要安装此设备，同时船舶发送的 AIS 数据也能够被岸边或是搭载了 AIS 载荷的卫星所接收。AIS 的出现源于对海洋船舶的监控与防碰撞安全管理，它不仅提高了船只航行的效率与安全，其蕴含的丰富信息也可以提供给科研单位进行研究。ADS - B 技术基于全球定位导航，搭载于航空器上，应用于空中交通管理，不需要人工操作与地面问询，信息也全部基于机载设备，提供位置信息与其他用于监控的数据。

4.3.3　任务最佳观测资源匹配

4.3.2 节对典型载荷工作模式进行了介绍。为了对特定观测目标匹配最优星上资源，首先需要了解不同类型载荷的优缺点，从而指导资源匹配策略。表 4 - 3 对当前常用载荷进行了优缺点对比分析。

表 4 - 3　当前常用载荷优缺点对比分析

星载传感器	优点	缺点
可见光	可见光成像载荷可以收集的目标光谱频段覆盖人眼可见的绝大部分频段，其拍摄的图像与人眼看到的景物是相配的，符合人眼视觉特性，直观，易于解译；图像层次丰富，能获取目标细节信息，准确识别目标	受天气和光线条件影响较大，夜间、阴天或云层较厚时无法有效对目标成像；高分辨率下幅宽小，目标捕获困难

续表

星载传感器	优点	缺点
红外	可获得目标热图像,获取目标温度特性,有利于分析目标工作状态;不论昼夜都能进行有效工作,也具有一定云雾穿透能力;消耗功率小,可持续工作时间长;可辅助进行打击效果评估	云层覆盖区域下无法获取目标图像;分辨率较低,图像目标细节信息较少
SAR	不受大气影响,不依赖太阳辐射,能克服云雾雨雪和夜暗条件的限制,可全天时、全天候、高分辨率、大幅宽对地观测;可获得地下信息,而可见光和红外只能获得目标的表层信息;侧重于获取地物的几何特性与散射特性,适合目标结构的观测,在灾害观测、伪装目标的识别等方面作用明显;完整的地物信息观测不可缺少的组成部分,工作模式丰富,可兼顾范围搜索和目标高分辨率识别确认	由于星载 SAR 是采用相干原理获得方位分辨率的,因此其单视 SAR 图像易于呈现斑点噪声,给图像解译和判读带来影响;主动体制,能源消耗较大,在轨连续工作时间受限;高分辨率,覆盖范围小,目标成像概率低,需要快速引导;大幅宽设计下,分辨率低,发现目标后的识别概率低;易受角反射器等干扰手段影响
无线电接收	全天时、全天候观测,可发现无线电终端,特征明显;瞬时覆盖范围广,可进行大范围的搜索发现;星上信号处理成熟,处理速度快	目标无线电关闭下无法工作;易受干扰、欺骗;不能获得目标外形特征,识别目标能力较弱;无法区分装载同类无线电发射机的目标
多光谱	具有目标伪装识别能力;结合了成像和光谱测量两方面功能,可以获取空间影像和随波长分布的光谱辐射信息,提高了观测数据的准确性和多样性	分辨率较可见光成像要低
高光谱	光谱波段多,光谱分辨率高,相邻波段的相关性高,数据冗余大,成像光谱仪覆盖范围广;在海洋水色、水温的观测等方面效果非常好	数据量庞大,传送困难

星上对特定任务进行资源分配时,需要依赖星上预存的并可上注修改的参考信息,基于此进行任务资源匹配,具体包含根据特定场景的载荷组合配置信息、目标成像载荷偏好等。目标库预存于规划星上,当星上搜索发现目标特征匹配后,即可在星上查表获得目标的成像偏好信息。当任务分配给各卫星时,考虑到不同载荷对不同目标的识别描述的差异性,预留搜索发现载荷目标库中各编号的观测优先级,以目标成像载荷偏好表的形式存储于星上,并可通过上注修改,从高位到低位依次填充优选卫星编号序列,举例如表 4 - 4 所示。

表 4 - 4 目标成像载荷偏好星上配置举例

目标号 k	首字节	前 4 bit:0101 宽幅光学卫星 后 4 bit:0010 SAR 星
	中间字节	前 4 bit:0100 高分光学卫星 后 4 bit:0111 红外卫星
	末字节	前 4 bit:0110 高光谱卫星 后 4 bit:0011 视频卫星

备注:有些目标如果仅限某几种成像,则可在备选后填充全 0,如 0101 0010 0000 0000 0000 0000,代表某目标仅安排宽幅光学和 SAR 成像任务,其他资源不安排任务;如果有些目标除优选载荷外,其他载荷优先级不做区分,则填充 1,如 0101 0010 1111 1111 1111 1111,表示当前两种占用时,其他载荷资源不予区分

对于目标 k，在各载荷均可用时，优选宽幅光学卫星；当宽幅卫星时段被占用时，再依次向后选择。目标成像载荷偏好（表 4 - 4）由用户与各成员星协商指定，默认存储于规划星，可上注批量修改。

4.3.4　星上资源裁剪策略

针对潜在的任务集合，需要依据云覆盖、光照条件、卫星资源状态、存储状态等约束条件进行卫星资源的裁剪，在可见性求解前后，对待成像目标集合进行筛选，裁剪剔除不符合要求的成像目标，可以有效减少引入下一步目标与卫星匹配的可见时间窗计算时的数据量。

星上任务规划的环境模型包括太阳、月亮轨道运行信息，月相计算信息，在轨云描绘信息，海陆边界信息等。将以上信息模型化，并描述上注于星上。信息主要来源于地面上注的气象云图数字化模型、星上云判相机实时识别、天体轨道模型计算等[16,17]。

星上任务规划环境模型主要用于基于约束的任务符合性检测及裁剪。在复杂任务分解为元任务并计算可见性后，对潜在的可执行元任务，裁剪其中不满足太阳光照要求、月光要求、云覆盖（或根据云量等级可以选择 SAR 或红外成像）等环境模型约束要求的元任务。其中，任务规划目标集合的裁剪流程如图 4 - 3 所示。

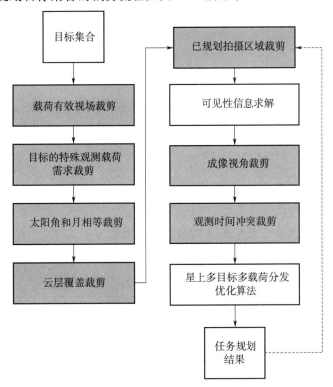

图 4 - 3　任务规划目标集合的裁剪流程

星上资源裁剪包括载荷有效视场裁剪、目标的特殊观测载荷需求裁剪、太阳角和月相等裁剪、云层覆盖裁剪、已规划拍摄区域裁剪、成像视角裁剪和观测时间冲突裁剪等。

无线电载荷通常在一定视场范围内保证精度，如在星下点半角搜索发现范围锥内需要保证一定的定位精度，其中的外部目标需要被剔除。对于已发出的任务，收到成员星的反馈握手确认后，提取将要成像区域的四个角点，通过面积法、同侧矢量法等剔除区域内目标。

对于可持续探测的无线电载荷，可对已拍摄区域进行裁剪，不进行新增目标与已有目标的比较。根据最佳观测手段匹配规则或地面提出的特定目标的特定观测载荷的需求及成像分辨率对目标进行裁剪。根据卫星协同自主任务规划中运行环境模型计算出来的太阳高度角和月相对目标进行裁剪。在卫星协同自主任务规划中，根据目标所受云层覆盖情况对其进行裁剪。某些复杂的地形或特殊目标会对拍摄视角有特殊要求，在可见性信息求解后进行成像视角裁剪。对求解出的目标观测时间段，与特定载荷已安排任务对比，在可见性信息求解后进行时间冲突裁剪。根据可见时间窗约束计算模型计算出的可见性结果进行可见时间窗口裁剪。

4.3.5 载荷数据量估计模型

根据以上卫星对地面目标的元任务分解结果，对目标可见性进行计算，并得到每个元任务的成像数据量[18]。

由于每个元任务执行后产生的载荷数据需要经过数传分系统下传至地面才能实现其信息价值，因此载荷数据量只有满足数传分系统的约束条件，元任务的执行才有意义[19]。

对于特定卫星的特定载荷，如光学、SAR 等成像载荷，可根据各自的幅宽、分辨率、帧频、压缩比值估算元任务数据量。假定当前有 M 个载荷可在轨执行任务，按照优先级高低排序 P_1、P_2、$\cdots$、P_M，下标号越小，载荷优先级越高，其中 P_1 为最高优先级载荷，P_M 为最低优先级载荷。每个载荷的原始数据产生速率为 x_1、x_2、$\cdots$、x_M（单位为 bit/s），对应的工作时间分别为 t_1、t_2、$\cdots$、t_M，数据处理权值为 c_1、c_2、$\cdots$、c_m，则载荷数据量为

$$D_{\text{payload}} = \sum_{i=1}^{M} x_i t_i c_i \qquad (4-1)$$

以某综合卫星载荷为例，某次任务的载荷数据性能参数如表 4-5 所示，其中数据处理的权值可以根据不同的工作模式进行选择，工作时间参数可通过在轨数据上注修改。

表 4-5 载荷数据性能参数

序号	接口载荷、单机	数据速率/(Mbit/s)	压缩比	工作时间/s
1	无线电接收	62.5	1	10
2	宽幅相机	80	0.25	120
3	AIS	10	1	15
4	ADS-B	8	1	20
5	高光谱载荷	50	0.5	8
6	红外载荷	20	0.2	60

根据表 4-5，可以对载荷数据量进行有效计算。当任务不同时，选取的载荷分辨率不同，原始数据速率不同，数据处理权值也会有较大的差别，载荷数据量也会有相应的变化。所以，在每种工作模式下，载荷将对应一张参数表。根据该参数表，即可对当前任务工作模式下的载荷数据量进行快速查表输出。

4.4　小结

本章首先对卫星任务进行多维度分析，并从空间域、时间域、目标域和信息域等维度对用户的需求进行描述。而后给出了星上协同任务预处理的一般流程，包括复杂任务分解、任务最佳观测资源匹配、星上资源裁剪、基于环境及约束的裁剪、可见时间窗计算、星上载荷数据量预估等技术。通过星上任务预处理，进行复杂任务分解，匹配任务最佳观测资源，计算时间窗口并估计数据量，构建卫星基本元任务，作为后续星上任务规划的重要前提和实施基础。同时，本章介绍了星上任务预处理的实现技术，如典型载荷工作模式及工作过程，任务最佳观测资源匹配，星上资源裁剪策略，载荷数据量估计模型等。

参 考 文 献

［1］ 辛洁，王冬霞，郭睿，等．卫星导航系统星地协同运行模式及可靠性研究 ［J］．系统工程理论与实践，2020，40（2）：520-528．

［2］ 崔本杰，白鹤峰，张永强，等．一种多星协同任务描述及星上分解处理方法及系统：CN111950880A ［P］．2020-11-17．

［3］ 栾恩杰，王崑声，袁建华，等．我国卫星及应用产业发展研究 ［J］．中国工程科学，2016，18（4）：76-82．

［4］ 李春升，王伟杰，王鹏波，等．星载 SAR 技术的现状与发展趋势 ［J］．电子与信息学报，2016，38（1）：229-240．

［5］ 谷德峰．分布式 InSAR 卫星系统空间状态的测量与估计 ［D］．长沙：国防科技大学，2009．

［6］ 田野，万华，秦国政，等．STSS 预警卫星目标跟踪能力研究 ［J］．中国电子科学研究院学报，2019，14（2）：184-188．

［7］ 梁陈．卫星跟踪仿真平台目标跟踪控制系统设计 ［D］．哈尔滨：哈尔滨工业大学，2009．

［8］ 包颖，申佩佩，陈海珍，等．高分二号卫星影像批量预处理应用研究 ［J］．地理空间信息，2019，17（5）：1-4，146．

［9］ 王宇谱，张胜利，徐金锋，等．改进中位数方法的 BDS 卫星钟差数据预处理策略 ［J］．测绘科学，2019，44（2）：109-115，127．

［10］ 王晨巍，王晓君．高分遥感卫星影像的预处理技术 ［J］．电子技术与软件工程，2016（24）：122，123．

［11］ 祝佳．Landsat8 卫星遥感数据预处理方法 ［J］．国土资源遥感，2016，28（2）：21-27．

［12］ 唐磊，李鹏飞，宛霁，等．一种遥感卫星载荷数据的处理方法：CN101304408A ［P］．2008-01-01．

［13］ 龚卓君．卫星应用任务分解技术研究 ［D］．长沙：国防科技大学，2009．

［14］ 谈群，彭黎，李志猛，等．一种航天侦察任务：资源匹配的负载均衡方法 ［J］．长沙：国防科技大学学报，2011，33（2）：95-99．

［15］ 林宇生，蒋洪磊，董彦磊，等．基于遗传算法的通信卫星资源动态调度方法研究 ［J］．无线电工程，2017，47（6）：20-23．

［16］ 庄树峰．跟踪与数据中继卫星系统资源调度技术研究 ［D］．哈尔滨：哈尔滨工业大学，2017．

［17］ 邓博于，赵尚弘，侯睿，等．基于遗传蚁群融合算法的混合链路中继卫星资源调度研究 ［J］．红外与激光工程，2015，44（7）：2211-2217．

［18］ 赵川，杨海龙，梁军民．一种卫星有效载荷地面远程测试系统设计 ［J］．航天器工程，2015，24（5）：126-130．

［19］ 姜维，郝会成，李一军．对地观测卫星任务规划问题研究述评 ［J］．系统工程与电子技术，2013，35（9）：1878-1885．

第 5 章　星上综合引导态势信息处理

多星协同自主任务规划系统中有多种类型的卫星，其中无线电接收及宽幅成像卫星等可主动搜索区域内的目标，通常作为多星协同搜索任务中的目标引导源使用。在执行成像任务规划前，地面目标的数量可能非常多，并且引导源多批次送出的目标可能会存在重复或虚警情况。传统的成像任务引导算法中，每颗成像星在约束条件下逐一对目标进行成像判断，而后安排成像任务，使得协同效能较低，故而可在引导成像之前将不同感知源发现的相同目标进行融合处理，得到目标的位置聚类、多维信息融合、航迹生成等高级认知，进而为后续成像任务规划提供重要的信息支撑[1,2]。

本节讲述了星地一体目标态势处理架构，综合引导信息处理算法，以多传感器融合理论为基础，给出了星上态势处理的顶层架构，引入目标融合区、缓存区、丢弃区的概念，对多星、多载荷发现的多源目标信息进行集中处理，最后给出了算法流程和仿真验证[3]。

5.1　态势信息星上处理架构

天基态势指空间航天器、地面站、地面传感器、地表目标等对象及其环境的当前状态和发展变化趋势。态势要素则指构成天基态势的目标、环境、事件和估计等诸类要素。不同的天基态势包含的态势要素不同。一个任务目标对应一个或多个待更新的天基态势要素，且随任务目标的改变而变化，甚至在一个任务目标下的不同观测阶段或时节都存在差异。因此，天基态势要素及其相互关系的发展和变化是依据任务目标变化而确定的，如何对其进行及时的估计与更新是任务规划的重点和难点。

5.1.1　天基态势信息来源

星上态势感知信息源及各类输入（星上、地面、地图、气象、知识库、模板），包含在轨对目标实时搜索识别、对环境感知、地面预先配置重点目标信息等。

卫星在轨探测手段主要有无线电探测、AIS 探测、ADS - B 探测、成像类载荷探测、预警卫星探测等，不同种类探测手段输出信息不同。卫星在轨作业时，也可以接收地面上注的信息，主要有地理信息、气象信息、地面知识库信息等。其中，地理信息包括重点目标信息、区域信息、事件信息等，更细致地可分为海陆边界划分数据、全球高程数据、重点区域标注数据、重点航线标注数据等。气象信息包括云层信息、太阳活动信息、月相信息、水文信息、海况信息等。地面知识库信息包括各类载荷重点目标库配置信息、重点区域库信息等。

5.1.2　态势感知与估计

天基态势感知与估计是指利用遍布陆、海、空、天各领域的传感器网络，对一定时间和空间环境内的任务目标态势要素进行感知，采用一定的融合手段对获取的繁杂信息进行融合理解，更新这些态势要素的实时状态，并对这些态势要素的下一时刻状态进行预测估计的过程。态势感知与估计是建立一个关于观测活动、事件、时间、位置和目标信息等要素相互作用的数据集的过程。

从卫星对地观测要素的角度，多星协同系统包含的态势可以由三类要素构成。

一是目标态势，包括目标分布信息、目标身份信息、目标活动规律信息、目标动态信息。目标态势通常为经地面处理加工后的海、陆、空、天观测结果。

二是己方态势，包括己方信息、单元位置、可调动资源、在轨卫星状态信息等。

三是环境态势，要求及时准确地掌握任务区域地理空间、海洋环境、气象水文、无线电频谱等信息。

目标态势是不断变化的，态势的高频次更新对多星协同观测系统提出了新的需求；而己方态势、环境态势作为多星系统任务规划的约束条件，对星上自主任务规划方案的设计产生重要影响，态势的实时变化直接影响任务规划的效能。

目标态势的建立需要信息来源，信息来源主要有以下三个途径：陆、海、空基系统获取目标及环境态势信息；通过多星系统获取目标及环境态势信息；通过地面上行的先验信息及模型库获取目标及环境态势信息。

地表态势感知与估计分为四个层次：感知（perception）、融合（fusion）、理解（comprehension）和预测（projection），如图 5-1 所示。

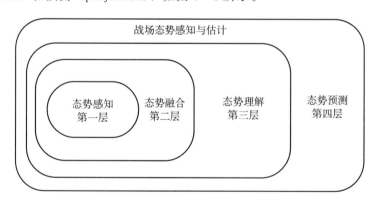

图 5-1　态势感知与估计模型

第一层：感知。感知是指获取观测环境中的态势要素，包括相关要素的属性、状态及下一步的动向等。观测任务感知体系是一个基于网络化的知识共享平台，它将陆上、海上、空中、太空的环境信息融合为一个可视化的单一实体。其中，陆上态势感知系统主要由无线电探测系统、光电观测系统及人力搜集等组成；海上态势感知系统主要分水上和水下两种感知方式，包括各类水面船只、渔政系统、水下航行器等；空中态势感知系统主要由临近空间的浮空器和空中各类型的飞机组成。与陆上、海上、空中态势感知相比，太空感知系统的覆盖范围更加广阔，在态势感知方面具备十分明显的优势，也是本书中态势获取及处理的主要来源，包括无线电接收卫星、成像卫星等。

第二层：融合。融合是指将感知层收集到的各类信息进行有效综合。融合层包括信息的融合处理与挖掘。信息融合处理是构建态势感知体系的基础。地表态势瞬息万变，感知对象成倍增加、感知手段丰富多样、感知维度多种多样，使得信息融合处理在融合结构、不确定性信息处理、多模式融合处理、高冲突信息处理、强相关信息处理及网络化信息处理等方面面临较大挑战，一旦融合机制设计不周全，容易造成同一目标在态势图上出现"重批"现象，影响判断决策的准确性。同时，由于各感知手段对同一目标形成的信息格式不统一，因此容易降低信息融合的时效性，甚至无法融合。

第三层：理解。理解是根据态势感知及融合信息，估计关于目标、活动、事件、时间和位置等要素的相互联系，将获得的所有资源的部署、活动和观测周围环境、任务意图及机动性有机结合起来，分析并确定发生的事件。将对观测环境的认识与理解从单一目标点（轨迹）扩展到线（观测边界）和面（观测区域），重点是估计诸多重要目标间的关系，包括己方目标之间的协同关系、其行为/状态与其总体观测企图的关系、不同重要度目标之间的关系，以及事件的估计或预测结果对双方目标的影响等。态势理解准确性与实时性直接影响到决策的正确性，动态规划、观测预警的准确性和预警时间。

第四层：预测。预测是指通过对第三层形成的当前态势的理解，预测下一时刻观测环境态势变化的趋势。由于态势实体是时间与空间耦合框架下的统一体，同时存在时间和空间两种属性，因此态势预测可通过对目标态势要素时间和空间维度上的变化趋势进行预测分析，得出态势综合变化趋势。基于时空维度的态势预测具体方法为：根据观测任务提取需重点关注的态势要素，建立各态势要素随时间和空间变化关系的函数，即已知 t 时刻的态势，求解 $t+T$ 时刻的单个要素态势变化趋势，再分析各要素间相互影响关系，进行态势推演，形成 $t+T$ 时刻的综合态势。

5.1.3　态势驱动的任务规划架构

基于态势驱动的联合任务规划架构流程归纳总结如下所述。

1）依靠陆、海、空、天基传感器网络高频次获取并更新观测环境态势，在此环节地面系统需上注包括目标库、星上模型等先验信息。

2）星上对多传感器获取的信息进行融合、理解、预测处理，完成目标精确定位、身份识别、状态预测、优先级等级评估等，并生成局部、宏观态势图。

3）星上基于目标/事件态势信息，驱动观测任务生成，一般包括星间引导多目标观测任务、目标观测任务、区域观测任务等。

4）星上基于卫星/环境态势，基于地面上注任务、态势驱动生成的星上任务，开展联合任务规划，完成多星任务分配与单星任务规划。

5）执行规划方案，生成卫星观测数据，更新目标态势信息。

态势驱动的联合任务规划系统架构如图 5 - 2 所示。

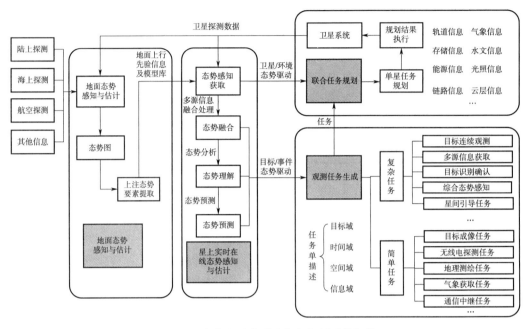

图 5 - 2　态势驱动的联合任务规划系统架构

多星协同联合任务规划中所需态势信息相比地面态势有所不同，信息处理的效率和时效性要求高，通常以精简的信息进行描述和处理。星上在线态势生成与融合主要研究内容：来自星上的各类引导信息源特性，包括无线电接收、光学成像、AIS、ADS - B、SAR 等目标搜索信息；地面上注态势信息（地理信息、气象信息、已知目标、区域标注等）；对多载荷分批次引导信息进行星上实时综合处理，生成区域态势更新。

利用上面生成的态势更新结果进行进一步处理，可基于模板或知识生成任务。态势信息结合目标、资源、环境等约束条件，进行实时的态势分析处理，根据目标的已知观测需求等先验信息，可以得出对已有模板中的关联任务的触发权值；若超过触发阈值，则判定该任务可被触发；若多个类型任务可同时被触发，则根据任务模型之间的优先级顺序生成任务，并在星上自主生成简单和复杂的规划任务。生成的任务由目标域、时间域、空间域、信息域、用户域描述，与来自地面上注任务的格式兼容。

5.2　多传感器信息融合技术

多传感器信息融合技术是 20 世纪 70 年代开始发展起来的一门新兴学科，它是对来自多个传感器和信息源的数据进行组合、关联和合并，以获得对物理目标的位置和身份的准确估计及对情况的全面评估的一种多层次、多方位的信息处理过程。它起源于美国在军事领域对通信、指挥、控制和智能（communication、command、control and intelligence，C^3I）系统的需要，以及军事领域对多传感器综合应用的需要，通常称为多传感器数据融合。它是对人或动物利用各种感官获取信息，并通过大脑进行综合、分析，从而认识客观世界的一种功能[4,5]。随着多传感器信息融合技术引入态势融合处理，态势融合对数据处理的准确性和完整性提出了更高的要求。

5.2.1　多传感器信息融合的分类与主要方法

多传感器信息融合有多种分类标准，下面将按融合技术、融合结构及融合目的对其进行分类并加以阐述。

（1）多源信息融合分类

1）按照融合技术分类。

按照融合技术分类，多传感器信息融合技术可以分为假设检验型信息融合技术、滤波连续监测型信息融合技术、聚类分析型信息融合技术、模式识别型信息融合技术、人工智能型信息融合技术等。其中，聚类分析型信息融合技术以统计聚类分析或模糊聚类分析原理为基础，在多目标、多传感器的大量观测数据样本的情况下，使来自同一目标的数据样本自然聚类，而使来自不同目标的数据样本自然隔离，从而实现多目标的信息融合[6]。本章将在聚类分析型信息融合技术的基础上研究星簇系统的多目标感知源信息融合技术。

2）按照融合结构分类。

按照融合结构分类，多传感器信息融合技术分为集中式、分布式和混合式三大类。

a）在集中式信息融合结构中，每个传感器获得的观测数据都直接传给上级信息融合中心。信息融合中心借助一定的准则和算法对全部初始数据执行联合、筛选、相关和合成处理，一次性地提供信息融合结论输出。

b）在分布式信息融合结构中，每个传感器都先对元素观测数据进行初步分析处理，做出本地判断结论，只把这种本地判决结论及其有关信息，或经初步分析认定可能存在某种结论但又不完全可靠的结论及其有关信息向信息融合中心呈报；然后由信息融合中心在更高层次上集中对多方面数据做进一步的相关合成处理，获得最终判决结论。

集中式信息融合技术的优点是数据全面，无信息丢失，最终判决结论置信度高，但其数据量大，对传输网络要求严苛，信息处理的时间较长，影响系统响应能力。相比之下，分布式信息融合技术需传送的数据量要少得多，对传输网络的要求可以放松，信息融合中心的处理时间可以缩短，响应速度可以提高。

c）混合式信息融合结构同时包含集中式和分布式信息融合结构，它保留了这两种结构的优点，但是在通信和计算上要付出比较昂贵的代价。此类系统有上述系统难以比拟的优点，在实际场合中得到了广泛的应用。本章在混合式信息融合结构的基础上研究多星、多信息源混合式信息融合结构设计。

3）按照融合目的分类。

按照融合目的不同，多传感器信息融合技术可以分为检测融合（detection fusion）、估计融合（estimation fusion）和属性融合（attribution fusion）三大类。其中，检测融合是将来自不同传感器的观测数据或判决结果进行综合，从而形成一个关于统一环境或者事件的更全面、更准确的判断。检测融合的主要目的是利用多传感器进行信息融合处理，可以消除单个或者单类传感器检测的不确定性，提高检测系统的可靠性，获得对检测对象更准确的认识。估计融合研究在估计未知量的过程中最佳地利用多个数据集合中包含的有用信息。这些数据集合通常来自多个信息源，大多数情况下是来自多个传感器的信息。属性融合是利用多传感器检测信息对目标的属性和类型进行判断。

（2）多传感器信息融合方法

多传感器信息融合方法可以分为信号处理与估计方法、统计推理方法、信息论方法、决策论方法、人工智能方法和几何方法[7]。

信号处理与估计方法包括用于图像增强与处理的小波变换技术，加权平均、最小二乘、Kalman滤波等线性估计方法，以及扩展Kalman滤波、无损Kalman滤波等非线性估计方法和多模型自适应估计方法。统计推理方法包括经典推理、Bayes推理、证据推理及随机集理论和支持向量机理论等。信息论方法运用优化信息度量手段融合多源数据，从而使问题得到有效解决，其典型算法有熵方法、最小描述长度（minimum description length，MDL）方法等。决策论方法往往用于高级别的决策融合，如借助决策论方法融合可见光、红外，用于报警分析。人工智能方法包括模糊逻辑、神经网络、遗传算法、基于规则的推理及专家系统、逻辑模板法、品质因数法等，在信息融合领域的运用也取得了一定的成果。几何方法通过充分探讨环境及传感器模型的几何属性达到多传感器信息融合的目的。除此以外，还有基于物理模型、参数模型和认知识别模型的方法分类，基于状态模型、知识规则和信息理论的方法分类，基于概率统计的传统方法，面向数据/信息不同特性的方法分类等。

5.2.2 多传感器信息融合面临的问题与挑战

在实际系统的使用与开发中常常会遇到许多问题与挑战，主要原因在于需要融合的数据具有不同的格式与特性，同时信息也具有不确定、不精确、不完整、模糊、多义、冲突等特点。多传感器信息融合面对的问题主要分为数据处理和信息融合系统设计两方面。

在数据处理方面，需要考虑数据的不确定性、不精确性、不一致性、关联性、不同标度、不同性质或形态、不同粒度、动态性和处理量等方面。

在信息融合系统设计方面，需要对工程化的方法与规范进行设计，一般需要面对的问题首先是系统建模问题，其次是相关融合算法评价标准与选择的工程指南，然后是信息融合数据库与知识库技术，还需要考虑传感器等资源的管理与调度，最后信息融合系统效能评估方法和标准也需要特别注意。目前，上述各方面虽有很多研究成果，但仍不够成熟，也缺乏统一规范和标准。因此，建立一套实用而灵活的融合系统结构模型和通用的融合支撑平台具有很大的挑战性。

5.3 星载知识库设计

5.3.1 星载知识库背景技术

随着多星互联互通、多星多载荷协同应用技术的出现，卫量通过在轨目标搜索实时引导多种类型载荷观测的应用场景下，在轨目标搜索定位手段主要包括无线电探测识别定位、图像目标提取定位、AIS 船舶身份位置信息获取和 ADS - B 飞机身份位置信息获取等[8]，在轨对这些搜索手段输出的目标进行进一步观测任务规划时，通常会有多种探测手段可供选择，如成像手段有可见光成像、微波成像、红外成像、视频成像和立体成像等，每种手段刻画了目标的不同维度特征。不同的目标由不同的载荷观测，获取的综合效益是不同的，若不能合理地分配目标观测资源，将无法得到较高的协同观测任务的综合收益。基于以上内容，星上需具备对不同身份目标特征的先验信息，即目标识别库，在轨对目标的多源探测信息进行综合，进而识别目标，并根据预设重点目标的观测偏好库执行进一步观测任务。目标识别库与观测偏好库共同作为星上知识库，该知识库描述了目标身份到观测手段的关联映射关系。

5.3.2 星载知识库设计实例

本节将介绍一种任务规划星星载知识库设计方法及系统，该方法面向多星多载荷在轨自主协同任务规划应用场景，解决在轨多手段观测资源与目标观测需求的关联匹配问题。首先分析并确定多种搜索发现载荷所能描述的目标多维特征信息，并根据经验对目标多维特征信息域进行分析，从多维特征信息中挑出能够对目标进行目标类型或身份识别的特异性特征集合，预先指定在轨观测任务感兴趣的目标库，确定目标库中每类或每个目标的重要等级、观测手段偏好等，作为在轨实时引导任务确定观测手段的参考信息。以上星载知识库中可选观测手段，通常以观测谱段、分辨率和模式为约束。

任务规划星星载知识库设计过程如下。

1) 集中式架构规划：确定多星多载荷协同自主任务规划集中式架构，由规划星进行目标态势引导信息的综合处理和多星多载荷目标观测任务规划。

2) 目标识别库建立：确定目标搜索发现类的载荷所能描述的目标多维特征信息域，从多维特征信息中选出能够对目标进行类型或身份识别的特异性特征集合，确定目标库中每一类或每一个目标的特异性特征参数范围，确定每种参数置信度权重，作为目标识别库。

3) 观测偏好库建立：确定多星多载荷的各种观测手段的能力约束，确定目标库中每一类或每一个目标的观测手段偏好，作为观测偏好库。

4) 星载知识库建立：将所述目标识别库和所述观测偏好库通过目标身份识别号关联，二者合并作为规划星星载知识库，并上注到多星协同任务规划中的规划星上。

5) 位置关联：多星协同任务规划规划星在轨对多载荷目标搜索获取的信息进行位置

关联融合,与所述目标识别库进行匹配关联。

6) 任务规划:对所有多载荷目标搜索获取的信息基于规划星星载知识库进行关联处理,并根据观测偏好进行多星多载荷观测资源选择分配任务规划。

在上述集中式架构规划步骤中,多星多载荷协同自主任务规划集中式架构是一种分层协作的组织架构,搜索发现成员星对任务区域进行目标态势信息收集,规划星通过星间链路、地面上行遥控通道等接收态势信息,并对态势信息进行融合处理;同时规划星接收成员星轨道、姿态、能源等信息,将目标队列与观测成员星进行观测匹配,合理安排成员星任务,观测成员星接收规划星分配的任务,进行解析和执行等操作,进而完成多星多载荷目标观测任务规划。

在目标识别库建立步骤中,目标搜索发现类载荷的手段有无线电探测、图像目标提取定位、AIS 船舶身份位置信息获取和 ADS - B 飞机身份位置信息获取等。从目标搜索发现类载荷的探测手段确定目标多维特征信息域的特征维度,其中包括电磁频谱特征、多光谱特征、几何特征、图像识别信息、通信广播信息和运动特征,各特征维度的描述及与目标关联识别的特征参数如表 5 - 1 所示。

表 5 - 1　多维特征信息

特征维度	描述	目标关联识别的特征参数
电磁频谱特征	目标的电磁波属性通常由无线电搜索载荷探测获得	电磁频点、频段范围等
多光谱特征	目标的多光谱特征通常由成像载荷探测获得	光谱特征、红外温度特征等
几何特征	目标的大小等几何特征通常由成像载荷探测获得	目标外形尺寸等
图像识别信息	通过图像匹配识别出目标所属类型或所属身份	目标类型编号、目标身份编号等
通信广播信息	获取目标携带的通信设备的广播信息	AIS 身份识别号、ADS - B 身份识别号等
运动特征	由多次探测获取目标的运动特性,或获取目标通信设备广播信息	航速、尾迹长度等

由提炼出的目标特异性特征确定目标库中每一类或每一个目标的特异性特征参数范围,其参数范围可根据具体任务场景和背景进行设置。参数置信度权重可上注修改,将每个特征参数的判别准则设计为介于、等于、大于等于等,如表 5 - 2 所示。

表 5 - 2　某目标或某类目标的目标识别库特征参数

目标关联识别的特征参数	判别准则	置信度权重
电磁频点	介于	0.5
电磁频段范围	介于	0.5
光谱特征	介于	0.3
红外温度特征	介于	0.3

续表

目标关联识别的特征参数	判别准则	置信度权重
目标外形尺寸	介于	0.3
目标类型编号	等于	0.8
目标身份编号	等于	0.8
AIS 身份识别号	等于	0.9
ADS-B 身份识别号	等于	0.9
航速	大于等于	0.2
尾迹长度	大于等于	0.2

确定每种参数置信度权重，权重介于 0～1。设置完成后，当目标相关态势信息落在特异性特征参数范围内时，可确认该目标与库中目标相匹配。以此为设计原则，设置目标识别库。

在观测偏好库建立步骤中，多星多载荷的各种观测手段的能力有约束，包括载荷的观测谱段、分辨率、幅宽和工作模式等，确定每一类或每一个目标的观测频谱偏好、分辨率偏好、幅宽偏好和工作模式偏好等。

某目标或某类目标的观测偏好库参数设计如表 5-3 所示。

表 5-3　某目标或某类目标的观测偏好库参数设计

项目	内容
目标识别号	目标库中唯一编号
重要度	表征目标重要度
优选/组合偏好	按顺序优选一种手段/尽可能多手段观测
谱段偏好	电磁探测/可见光/红外/微波，按顺序排列
模式偏好	全频段/推扫/立体/凝视/滑动聚束/视频
分辨率偏好	优于某图像分辨率阈值

在星载知识库建立步骤中，将目标识别库和观测偏好库关联，每种载荷的每个或每类目标有一个独立不重复的身份识别号，通过目标身份识别号将目标识别库与观测偏好库关联，二者合并作为规划星星载知识库。通过地面星载知识库设置软件生成知识库，通过上行遥控通道上注到多星协同任务规划的规划星上。

在位置关联步骤中，规划星在轨对多载荷目标搜索获取的信息进行位置关联融合，多星多搜索载荷对同一任务区域进行多目标搜索发现（存在目标重复发现情况），对多目标进行基于几何位置聚类的关联融合，进而将融合后的目标与目标识别库进行匹配关联。根据得到目标的多维度特异性特征参数描述与目标识别库进行匹配，将多维特征参数置信度加权后，得到目标识别置信度。当满足一定阈值时，将该目标与相应观测偏好库中指定信息关联；若不满足阈值，则按观测偏好库中的默认信息关联。其中，置信度加权可以取累加和或加权平均等，根据上注指令进行选择。

位置关联融合基于几何位置聚类，判断方法是当两个目标之间的几何位置距离小于定位误差半径之和时，判定两个目标为同一目标，进行聚类融合。多维特征参数置信度的融合通过加权实现，具体方法是：置信度融合时，获取地面上注各载荷发现源置信度加权系数，取出参与融合载荷加权系数，各载荷特征参数置信度与各自对应加权系数进行数乘操作，而后相加，即可得到目标识别置信度。

对于知识库中未检索发现到的目标，填充各发现载荷默认信息。某载荷默认成像偏好库参数设计如表 5 - 4 所示。

表 5 - 4　某载荷默认成像偏好库参数设计

项目	内容
目标识别号	FFFF 或大于某数值自动编号
重要度	默认重要度
优选/组合偏好	优选一种
谱段偏好	电磁探测/可见光/红外/微波,默认顺序
模式偏好	全频段/推扫/立体/凝视/滑动聚束/视频,默认顺序
分辨率偏好	默认分辨阈值

在任务规划步骤中，对所有搜索发现目标基于知识库进行关联处理，通过目标身份识别号进行知识库搜索匹配，赋予其相关属性；对知识库中未发现目标，根据不同发现源赋予其默认属性，而后将待规划目标队列逐一与各观测成员星进行任务匹配。

待规划目标队列逐一与成员星进行观测匹配，方法是目标通过知识库搜索匹配具有成像偏好属性，成像偏好属性中包含卫星、成像模式、观测手段、观测参数约束等，从而完成多目标与多星多载荷观测资源优选分配任务规划。

最终的目标的选择卫星排序如表 5 - 5 所示。

表 5 - 5　目标的选择卫星排序

顺序	代号填充卫星编号
1 卫星	
2 卫星	0001b:成员星 1
3 卫星	0010b:成员星 2
	0100b:成员星 4
4 卫星	0101b:成员星 5
5 卫星	0110b:成员星 6
6 卫星	⋮
⋮	

5.4　星上引导信息处理计算方法

多星协同自主任务规划系统中存在多颗成像成员星和多个待成像规划的地面目标。对于传统的成像任务引导算法，每颗成像成员星在约束条件下逐一对目标进行成像判断，而后安排成像任务，这使得星上计算量大。在某次任务时段内，系统对地观测的范围是有限的，因而可考虑将任务区外的目标先排除。同时，因为多星、多载荷是面向相同区域进行搜索，会发现相同目标，所以可在引导成像之前将不同感知源发现的相同目标进行融合处理。星群系统中，卫星上的某类载荷发现目标可能具有超强的前瞻性，卫星编队中的成像成员星暂时无需对这些目标进行观测成像，故可将该类目标剔除[9]。

5.4.1　算法处理流程

多星协同自主任务规划技术指的是多颗卫星在不依赖地面支持的情况下，利用系统自身携带的观测设备在轨实时进行任务规划的技术。基于综合引导信息处理的自主任务规划技术是以多传感器信息融合理论为支撑，结合实际工程应用，对多种信息源（多观测目标、多敏感器、先验知识）进行融合处理的一种自主任务规划方式。基于综合引导信息处理的多星协同自主任务规划技术在多星协同自主任务规划系统中有着很广泛的应用前景，相比于单一敏感器、单一观测源的自主任务规划方式，其在增强信息冗余性、扩展时间/空间覆盖性及减少信息获取成本等方面有着较大优势[10]。

多星协同自主任务规划系统中，为实现规划星快速生成任务以及对任务的调度和分发，考虑通过综合引导信息处理，对各成像星任务的发现与生成进行集中处理。

在多传感器信息融合结构设计方面，为了实现各成员星计算负载的平衡，结合混合式多传感器信息融合结构，要求各成员星尽量多地完成可在本星完成的计算任务，如目标的检测、识别、状态分析等，并尽量减少向规划星传输的数据容量。规划星统一接收各信息源目标引导数据，对目标引导信息进行综合处理。

在多传感器信息融合方法设计方面，考虑到星群系统快响应性要求和星间的通信带宽，以及像素级融合对数据配准精度的苛刻要求，结合决策论方法，采用决策级融合手段和特征级融合手段作为星群系统信息在轨融合的主要方式。

各类目标引导信息源搜索发现能力、属性信息类型、信息接口形式各有不同，因而本节提出综合引导信息处理方法，将上述多载荷多次测量信息基于位置、属性进行融合，基于多级优先级排序，生成待规划成像任务的目标队列，最终生成各成像成员星成像任务队列。综合引导信息处理过程包括成像星即将飞临任务区，设置目标融合区、缓存区、丢弃区三个不同的功能区；当星上时间到达任务规划开始时刻时，规划星逐一接收星间、星内各信息源送来的目标引导数据；逐一对各信源引导目标进行处理，对无效目标进行剔除，将有效目标进行归一化处理后置于其所属区域；当到达任务分配触发周期时间后，对融合区目标进行融合处理；依次进行目标队列初级筛选、区域等级检测并筛选、多目标成像任务规划；在本次任务分配结束时，更新目标区域。其流程如图 5-3 所示。

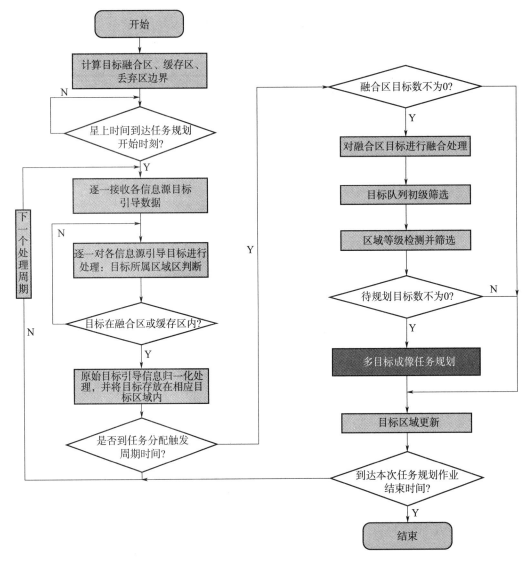

图 5-3　综合引导信息处理流程

5.4.2　星下目标分区滚动批处理方法

考虑到星上计算资源的约束，在设计星上算法时，需要考虑减少数据的计算量。因此，针对复杂且大量的目标数据，本章提出了综合引导数据处理方法。其中，目标融合区、缓存区、丢弃区的概念将在本节进行阐述。

星群编队由搜索星和成像星构成，两者由于携带的载荷不同而具有不同功能。其中，搜索星负责广域普查目标信息，发送给规划星；成像星负责对目标进行成像。在星群编队构型约束下，搜索星在卫星编队前面飞行，成像星组团在其后飞行，如图 5-4 所示。

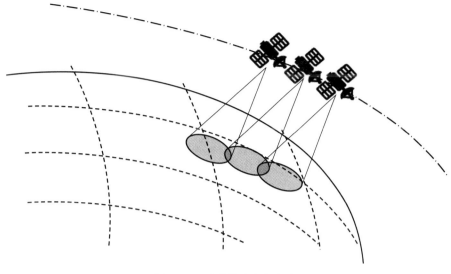

图 5-4　卫星编队飞行方式

（1）星下分区定义

设任务规划开始时刻为 T_0，根据规划星轨道信息及地面预设信息分割任务区，设置相应的目标区域。地表区域划分如图 5-5 所示。

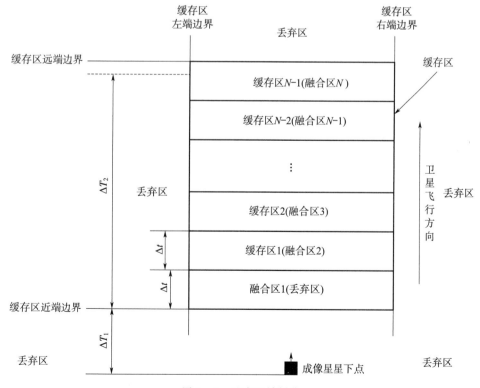

图 5-5　地表区域划分

下面给出图 5-5 中相关名词定义。

1）缓存区边界：分为近端边界、远端边界、左端边界和右端边界。近端边界为当下时刻规划星轨道向前递推 ΔT_1，摆动最大侧摆角时得到的两个左右星地交点的连线；同理，远端边界为当下时刻成像星轨道向前递推到本次任务规划结束时刻，摆动最大侧摆角时得到的两个左右星地交点的连线；左端边界和右端边界即近端边界和远端边界组成的四边形剩下的两个边，卫星前进方向左侧的边即为左端边界，卫星前进方向右侧的边即为右端边界。

2）缓存区：有效性判断后，有效目标的集合。其物理意义为地球表面由缓存区边界围成的区域，该区域与星群任务规划区域几近重合。

3）融合区：一个任务分配周期触发后，待融合处理的目标的集合。其物理意义为地球表面上的一个区域，该区域为成像星在一个触发周期 Δt 内可能覆盖的区域集合。第一次任务分配周期触发前，融合区的近端边界与缓存区近端边界重合。当下融合区目标被安排任务之后，融合区向前递推。

4）丢弃区：丢弃目标的集合。其物理意义为地球表面除缓存区以外的区域。融合区目标被安排任务以后，融合区变为丢弃区。

（2）目标所属区域判断

融合区和缓存区均由四个顶点组成。检测目标所属区域的问题可转换为判断平面上的点是否在四边形内问题（地表近似为平面）。这里根据工程实际，假设融合区、缓存区均是凸四边形，即内角均小于 $180°$ 的四边形。

检测原理如下：每个融合区或缓存区均由四个边界点（星地交点）确定，取目标位置数据，判断目标是否在由该四个边界点组成的四边形中，即判断该目标是否在该区域中。

平面上点在四边形中的判断方法如下：已知四边形的四个顶点 A、B、C、D（按逆时针顺序）的坐标，求点 P 是否在 $ABCD$ 围成的四边形内，可通过向量叉乘的方法实现。假设四个顶点依次为 $A(x_1, y_1)$、$B(x_2, y_2)$、$C(x_3, y_3)$、$D(x_4, y_4)$，判断的点为 $P(x, y)$，若点 P 在四边形内部，则 $\overrightarrow{AB} \times \overrightarrow{AP}$、$\overrightarrow{BC} \times \overrightarrow{BP}$、$\overrightarrow{CD} \times \overrightarrow{CP}$、$\overrightarrow{DA} \times \overrightarrow{DP}$ 同向。

定义

$$\mathrm{Sgn}(x) = \begin{cases} -1, & x < 0 \\ 0, & x = 0 \\ 1, & x > 0 \end{cases} \tag{5-1}$$

令

$$X_1 = (x_2 - x_1)(y - y_1) - (y_2 - y_1)(x - x_1)$$

$$X_2 = (x_3 - x_2)(y - y_2) - (y_3 - y_2)(x - x_2)$$

$$X_3 = (x_4 - x_3)(y - y_3) - (y_4 - y_3)(x - x_3)$$

$$X_4 = (x_1 - x_4)(y - y_4) - (y_1 - y_4)(x - x_4)$$

若

$$\begin{cases} \mathrm{Sgn}(X_1)=1 \\ \mathrm{Sgn}(X_2)=1 \\ \mathrm{Sgn}(X_3)=1 \\ \mathrm{Sgn}(X_4)=1 \end{cases} \text{或} \begin{cases} \mathrm{Sgn}(X_1)=-1 \\ \mathrm{Sgn}(X_2)=-1 \\ \mathrm{Sgn}(X_3)=-1 \\ \mathrm{Sgn}(X_4)=-1 \end{cases} \tag{5-2}$$

或

$$\mathrm{Sgn}(X_1) \times \mathrm{Sgn}(X_2) \times \mathrm{Sgn}(X_3) \times \mathrm{Sgn}(X_4) = 0 \tag{5-3}$$

则判定点 P 在四边形 $ABCD$ 内部。

（3）引导信息位置融合

目标缓存区内保留的目标是经多载荷、多搜索手段发现传输过来的，同一目标可能被多次发现。若直接对融合区目标进行任务安排，会导致同一目标被反复加入任务队列，又可能因为某些载荷的前瞻性过强，导致其始终占用成像资源。因此，在任务分配周期触发后，应对融合区内目标引导信息进行融合处理。

融合区内相同目标判定基于邻近判断准则，即当地球表面上两个目标之间的距离小于其定位误差半径之和时，判定两个目标为同一目标，如图 5-6 所示。目标判定邻近后，进行融合处理。

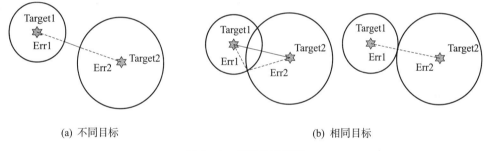

(a) 不同目标　　　　　　　　　　　　　　　(b) 相同目标

图 5-6　邻近目标判断

假设 $T_1 = (\mathrm{lon}_1, \mathrm{lat}_1)$，$T_2 = (\mathrm{lon}_2, \mathrm{lat}_2)$，其中 $(\mathrm{lon}_i, \mathrm{lat}_i)$ 表示目标的经纬度坐标。令 $\mathrm{Err}_{\mathrm{lat}} = b_e \times |\mathrm{lat}_1 - \mathrm{lat}_2| \times \pi/180$，$\mathrm{Err}_{\mathrm{lon}} = b_e \times |\mathrm{lon}_1 - \mathrm{lon}_2| \times \cos(\mathrm{lat}_2) \times \pi/180$，其中 b_e 为地球赤道半径，$\pi/180$ 为度转弧度。若 $\sqrt{\mathrm{Err}_{\mathrm{lat}}^2 + \mathrm{Err}_{\mathrm{lon}}^2} \leqslant \mathrm{Err}_1 + \mathrm{Err}_2$ 成立，则认定两个目标为相同目标，进行融合处理。

（4）多源目标信息属性融合

在多源目标数据融合时，需进行归一化处理。在星群系统中，不同搜索星携带具有不同功能的载荷，从而发现地表目标的位置信息及一些附加属性的引导信息。归一化处理如图 5-7 所示。

因载荷特性的不同，传输给规划星的目标信息格式、内容也不尽相同，这会导致星上对目标引导数据的处理变得十分困难。因此，可对各信息源的数据进行归一化处理，从而提升算法的效率和计算速度。各载荷输出信息如表 5-6 所示。

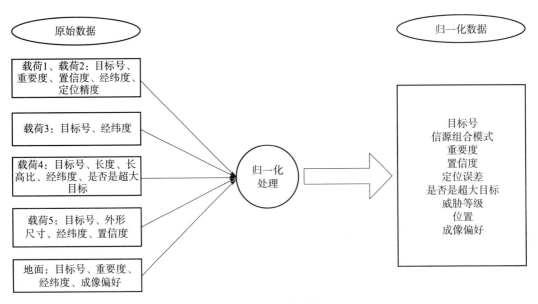

图 5-7   归一化处理

表 5-6   各载荷输出信息

来源	类别	信息内容
搜索星 1	载荷 1	目标号、重要度、置信度、经纬度、定位精度
搜索星 2	载荷 2	目标号、重要度、置信度、经纬度、定位精度
搜索星 3	载荷 3	目标号、经纬度
搜索星 4	载荷 4	目标号、长度、长高比、经纬度、是否是超大目标
搜索星 5	载荷 5	目标号、外形尺寸、经纬度、置信度
地面	地面引导信息	目标号、重要度、经纬度、成像偏好
	已知知识信息	载荷知识库、目标偏好配置信息

归一化后的数据格式约定为表 5-7。

表 5-7   归一化后的数据格式

信息名称		内容约定
目标号		保留原始数据
排序依据	信息源组合模式	1 字节,信息源所属的 bit 填充 1,其余 0 每 bit,1 代表有,0 代表无,由高到低依次如下: 载荷 1 载荷 2 载荷 3 载荷 4 载荷 5 地面 空 空
	重要度	载荷 1、2 填充原始重要度,载荷 3、4、5 根据目标特征在知识库中查找填充
	置信度	载荷 1、2、5 原始置信度乘以相应信源加权系数,载荷 3、4 填充默认置信度乘以相应信源加权系数
	定位误差	载荷 1、2 保留原始数据,载荷 3、4、5 填充载荷默认定位误差
	目标大小	载荷 4 填充原始数据,载荷 5 查找知识库,其余填充 FALSE
	区域等级	填充底图查找结果

续表

信息名称		内容约定
成像参数	经度	保留原始数据
	纬度	保留原始数据
	成像偏好	根据知识库查找并填充成像偏好

目标引导信息融合时，应遵循以下原则：

1）参与融合的目标保留原始目标号；

2）信源组合模式记录来源；

3）重要度取大；

4）置信度取大；

5）定位误差取小；

6）位置信息取定位误差小的信源位置信息，提升目标定位精度；

7）取重要度等级高的成像偏好。

（5）区域等级检测

星上对于陆地、海洋、特定区域等不同地理区域的目标其待观测的迫切性是不同的，如重点区域的目标远比一般区域目标更需成像观测。地面或在轨实时目标搜索卫星不时送来众多目标，而卫星成像资源是有限的，不可能对所有目标都安排成像任务，故需对目标数据进行预处理。基于地理区域标注信息筛选重要目标，对成像收益的提高很有帮助。

地面预先分割地表区域，并将各区域赋予一个属性，该属性表征该区域出现目标的重要性，将此属性命名为区域等级。目标区域等级检测是指根据目标位置信息检索目标所属地表重点区域，而后将该区域等级赋予该目标。当目标成像任务发生冲突时，区域等级将作为重要参考依据。

为快捷有效地对星上目标态势进行地理标注，本节提供一种基于星载网格化区域标注的目标区域等级生成方法，具体步骤如下：1）描述并定义区域等级；2）将海陆区域转换为网格化区域数据块；3）将重点区域转换为网格化区域数据块；4）进行数据压缩，将区域数据块上注星上；5）目标区域等级检索赋值处理。

步骤 1：描述并定义区域等级。

区域等级是一种与经纬度关联的地理属性，其表征相关地表区域的重要性及该区域目标待观测的迫切性，以数值量化属性。经纬度处于陆地区域的置为 0；处于海洋区域的置为 1；处于特殊标注的区域时，可附加其他数字量信息，如 2、3 等，正数代表该区域十分重要，−1、−2 等负数代表该区域不重要或应该被剔除。

步骤 2：将海陆区域转换为网格化区域数据块。

为简化计算，将全球划分为 10 个矩形块区域，每个区域都抽象为只含有 0 和 1 的稀疏矩阵。以固定间隔 d 对该区域等间距划分网格，如 0.5°、1°等。每个节点代表以该点为中心的 $d \times d$ 方形区域，可赋值为相应等级，代表附近陆地区域为 0 级，海洋区域为 1 级。

步骤 3：将重点区域转换为网格化区域数据块。

全球地表重点地区采用矩形区域描述，区域属性值为 K，同步骤 2 的网格化处理类似。每个区域为 01 矩阵，当节点数值为 1 时，对落入该节点方形区域内的目标赋值区域等级 K。

步骤 4：进行数据压缩，将区域数据块上注星上。

将 01 按位转换为字节，以 1、2、⋯、n 存储为数据块。每个数据块中应包括编号、经纬度范围、网格划分大小等，用于检索和查询。

根据精度要求，设置最小分辨率，将不同矩形区域生成份数对等的区域等级底图，通过遥控通道上注，星载计算机接收并存储底图。矩形区域内存在某些特定区域需重点关注，其分布在矩形区域不同位置，如近海矩形区域中的海陆交界。矩形区域中特定位置的网格置 1，其余网格置 0。网络以矩形区域左下角经纬度坐标为参照点，纵向往北拓展若干个单位长度，横向往东拓展若干个单位长度。一个网格存储一个比特值，在二值网络矩阵生成后，与区域编号、区域等级共同生成一张区域等级底图。

步骤 5：目标区域等级检索赋值处理。

假设目标经纬度坐标为 $(\mathrm{lon_T}，\mathrm{lat_T})$，目标区域等级检索赋值处理流程如下。

1）目标经纬度进行四舍五入取整处理。

2）依次遍历底图。

3）对区域进行拓展，假设区域左下角经纬度坐标为 $(\mathrm{lon}，\mathrm{lat})$，经度和纬度分别扩展 E_{lon} 和 E_{lat}，则拓展后该区域由 $(\mathrm{lon}，\mathrm{lat})$、$(\mathrm{lon}+E_{\mathrm{lon}}，\mathrm{lat})$、$(\mathrm{lon}+E_{\mathrm{lon}}，\mathrm{lat}+E_{\mathrm{lat}})$、$(\mathrm{lon}，\mathrm{lat}+E_{\mathrm{lat}})$ 四个点围成。

4）判断目标是否在该区域中，判断条件如下：

$$\mathrm{lon} < \mathrm{lon_T} < \mathrm{lon} + E_{\mathrm{lon}} \tag{5-4}$$

$$\mathrm{lat} < \mathrm{lat_T} < \mathrm{lat} + E_{\mathrm{lat}} \tag{5-5}$$

式（5-4）和式（5-5）需同时满足。

5）判断目标在区域之后，检索目标所在区域网格。其检测方法是将区域左下角点作为参考原点，用四舍五入之后的目标纬度值减去 lat，所得的值作为纵向索引；用四舍五入后的目标经度值作为横向索引。

6）取出网格中的比特值。

7）当网格中的比特值为 1 时，将该区域的区域等级取出，与当前目标区域等级进行比较，保留等级高的区域等级；否则，保留原先区域等级。

（6）目标队列筛选、排序及输出

为提高任务分配效率，减小星上计算量，对融合后的目标队列进行目标筛选，剔除重要度低于限定值的目标、定位误差大于限定值的目标、置信度低于限定值的目标。

针对综合引导信息处理输出的目标队列，对其进行多级排序，提高任务规划算法对实际任务需求的适应性，将优先观测目标放在队列前面。

多级排序是指队列数据依据一个属性进行排序后，可能出现较多的与该属性相同的情况，这时将属性相同的数据再次按照另一个属性排序。依此类推，直至获得预期结果。

针对综合引导信息处理输出的目标队列，其多级排序可做如下设计，以 1～7 代表以下七个属性：1 为信息源组合（使用时统计信源个数，组合数多优先），2 为重要度（大数优先），3 为置信度（大数优先），4 为定位误差（小数优先），5 为是否偏好组合观测（大数优先），6 为是否大目标（大数优先），7 为区域等级（大数优先）。

举例说明：6752341 代表排序原则为是否大目标、区域等级、是否偏好组合观测、重要度、置信度、定位误差、信息源组合。

5.4.3　仿真验证

本节主要对综合引导信息处理方法进行仿真，给出仿真验证步骤和仿真结果，验证多源引导信息融合效果。通过仿真结果分析多源发现的多目标的融合情况，分析综合引导信息息处理算法对任务规划目标队列的影响。

（1）仿真参数配置

综合引导信息仿真中信息源的相关参数设置如表 5-8 所示。

表 5-8　信息源的相关参数设置

信息源	个数	误差/km
Load1	8	4
Load2	4	8
Load3	4	0.1
Load4	8	0.2
Load5	8	4
Load6	6	0

本次仿真将引导信息源的个数设置为 6 个，信息源依次为 Load1、Load2、Load3、Load4、Load5、Load6；将各信息源发现目标个数依次设为 8、4、4、8、8、6；将各信息源定位特性，将定位误差依次设为 4 km、8 km、0.1 km、0.2 km、4、0 km。

随机生成 20 个真实目标，如表 5-9 所示。

表 5-9　真实目标位置数据

序号	目标位置信息——经度/(°)	目标位置信息——纬度/(°)
1	133.448 3	−10.690 4
2	133.695 9	−14.295 5
3	134.180 3	−12.507 4
4	135.275 8	−13.921 8
5	135.278 5	−10.249 8
6	135.839 4	−8.266 3

续表

序号	目标位置信息——经度/(°)	目标位置信息——纬度/(°)
7	136.191 1	−11.744 9
8	136.502 6	−11.886 9
9	136.578 0	−12.425 8
10	137.026 2	−10.691 5
11	137.751 3	−11.209 9
12	138.780 8	−11.541 2
13	138.891 7	−9.090 3
14	139.043 1	−13.441 4
15	140.763 8	−10.809 1
16	140.935 9	−7.998 1
17	141.165 8	−9.299 4
18	141.442 1	−8.881 1
19	141.633 0	−6.969 3
20	142.258 7	−7.550 4

依据信息源相关设置，加入噪声后，各信息源在真实目标位置信息的基础上，经搜索发现产生的引导信息如表 5 - 10～表 5 - 15 所示。

表 5 - 10　Load1 生成的引导信息

序号	目标编号	置信度	定位误差/km	目标位置信息——经度/(°)	目标位置信息——纬度/(°)
1	1111	60	5	133.473 5	−10.664 5
2	2222	86	5	135.293 0	−13.953 9
3	3333	90	5	136.179 5	−11.744 8
4	4444	97	5	137.023 1	−10.717 0
5	5555	92	5	138.758 9	−11.539 2
6	6666	98	5	140.797 7	−10.791 4
7	7777	82	5	141.459 0	−8.917 0
8	8888	97	5	142.237 0	−7.561 8

表 5 - 11　Load2 生成的引导信息

序号	目标编号	置信度	定位误差/km	目标位置信息——经度/(°)	目标位置信息——纬度/(°)
1	22222	84	10	135.275 7	−13.862 4
2	44444	72	10	136.968 1	−10.750 3
3	55555	82	10	139.008 0	−13.402 2
4	33333	89	10	141.697 8	−6.931 6

表 5 - 12 Load3 生成的引导信息

序号	目标编号	目标位置信息——经度/(°)	目标位置信息——纬度/(°)
1	11111111	134.180 0	−12.507 8
2	22222222	136.190 7	−11.744 5
3	44444444	137.026 2	−10.691 3
4	33333333	139.042 9	−13.441 8

表 5 - 13 Load4 生成的引导信息

序号	目标编号	外形尺寸/m	目标位置信息——经度/(°)	目标位置信息——纬度/(°)	置信度
1	1	115	133.449 9	−10.690 7	62
2	2	109	135.838 3	−8.265 8	58
3	3	299	136.192 6	−11.745 7	94
4	4	168	137.027 6	−10.691 9	66
5	5	255	137.750 9	−11.208 2	33

表 5 - 14 Load5 生成的引导信息

序号	目标编号	目标位置信息——经度/(°)	目标位置信息——纬度/(°)
1	222	133.706 2	−14.294 0
2	333	135.831 1	−8.265 4
3	444	137.029 4	−10.725 1
4	555	138.766 9	−11.571 8

表 5 - 15 Load6 生成的引导信息

序号	目标编号	重要度	目标位置信息——经度/(°)	目标位置信息——纬度/(°)
1	11	3	133.695 9	−14.295 5
2	22	5	135.278 5	−10.249 8
3	33	6	136.502 6	−11.886 9
4	66	3	136.578 0	−12.425 8
5	44	4	137.026 2	−10.691 5
6	55	3	138.891 7	−9.090 3

（2）仿真结果及分析

在仿真输入和相关参数配置完成以后，开始进行仿真，经综合引导信息处理之后得到的仿真结果如表 5 - 16 所示。

表 5 - 16 仿真结果

序号	目标经度/(°)	目标纬度/(°)	信源组合	置信度	重要度	定位误差/km
1	137.026 2	−10.691 5	11111100b	100	9	0
2	141.442 5	−8.880 1	10010000b	90	7	0.2

续表

序号	目标经度/(°)	目标纬度/(°)	信源组合	置信度	重要度	定位误差/km
3	136.502 6	−11.886 9	00000100b	100	6	0
4	135.278 5	−10.249 8	00000100b	100	5	0
5	142.266 9	−7.565 3	10001000b	97	5	4
6	133.449 9	−10.690 7	10010000b	90	5	0.2
7	136.190 7	−11.744 5	10110000b	90	5	0.1
8	140.764 8	−10.809 0	10011000b	90	5	0.2
9	138.766 9	−11.571 8	10001000b	92	4	4
10	135.838 3	−8.265 8	00011000b	90	4	0.2
11	134.180 0	−12.507 8	00100000b	85	4	0.1
12	139.042 9	−13.441 8	01100000b	85	4	0..1
13	141.623 9	−6.993 3	01001000b	80	4	4
14	133.695 9	−14.295 5	00001100b	100	3	0
15	136.578 0	−12.425 8	00000100b	100	3	0
16	138.891 7	−9.090 3	00000100b	100	3	0
17	137.750 9	−11.208 2	00010000b	90	3	0.2
18	141.166 6	−9.300 8	00010000b	90	3	0.2
19	135.275 8	−13.921 8	11000000b	86	3	5
20	140.924 8	−8.000 5	00001000b	80	3	4

　　由各信息源引导数据和融合后数据，绘制融合后引导目标分布图，如图 5 - 8 所示。

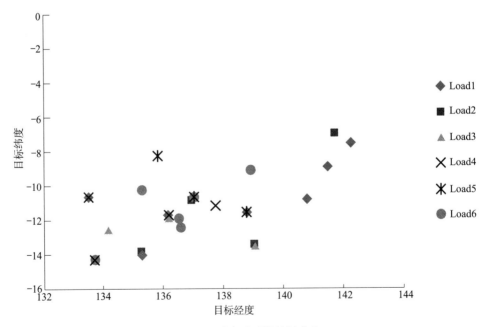

图 5 - 8　融合后引导目标分布

　　由仿真结果可以看出，在对原始目标数据进行综合引导信息处理之后，目标的发现概率大，定位精度高，重要度也被明显区分开来，按重要度、置信度排序的引导队列有利于后续任务队列生成时对成像目标选取的收益的提升。

5.5　小结

　　本章讲述了星地一体态势处理架构和综合引导信息处理算法，以多传感器信息融合理论为基础，给出了星上态势处理的顶层架构，引入目标融合区、缓存区、丢弃区的概念。对多星、多载荷发现的多源目标信息进行集中处理，并给出综合引导信息处理流程和相关约束；针对各信息源数据格式不统一的问题，对目标数据进行了归一化处理；最后通过数字编程对多源发现目标信息融合方法进行了仿真，证明了该方法可以有效提高目标发现概率和目标定位精度，未来可在构建更为精细准确的空间环境中使用人工智能算法对综合态势信息处理进行进一步的研究。

参 考 文 献

［1］ 赵文驰，宋伟东，陈敏. 国产高分辨率遥感卫星融合方法比较［J］. 测绘与空间地理信息，2019，42（11）：154-158，163.

［2］ 黄波，赵涌泉. 多源卫星遥感影像时空融合研究的现状及展望［J］. 测绘学报，2017，46（10）：1492-1499.

［3］ 刘锟，付晶莹，李飞. 高分一号卫星4种融合方法评价［J］. 遥感技术与应用，2015，30（5）：980-986.

［4］ HALL D L，LLINAS J. An introduction to multisensor data fusion［J］. Proceedings of the IEEE，1997，85（1）：6-23.

［5］ LI X R. Optimal linear estimation fusion - part Ⅶ：Dynamic systems. In：Proc. 2003 International Conf. on Information Fusion［C］. Cairns，Australia，2003. 455-462.

［6］ 李军. 分布式多传感器系统航迹融合算法研究［D］. 太原：太原理工大学，2011.

［7］ LIU X，KANG F J，ZHANG L F. The research of multi - Sonar data fusion in naval fleet［J］. Fire Control and Command Control，2007，32（8）：40-43.

［8］ SAGE A P，HUSA G W. Adaptive filtering with unknown prior statistics［C］//Joint Automatic Control Conference，1969（7）：760-769.

［9］ 邹曜璞. 星载傅里叶光谱仪星上数据处理研究［D］. 上海：中国科学院研究生院（上海技术物理研究所），2016.

［10］ 冯珂垚. 基于机器视觉的运动目标自主监视技术研究［D］. 上海：中国科学院大学（中国科学院上海技术物理研究所），2018.

第 6 章　态势信息引导下的多目标分配

多星协同自主成像任务规划需要在满足用户要求和约束条件的前提下实现对多颗卫星的有效调度，从而实现满足用户需求的最大收益[1]。为了将目标根据要求快速分配给多颗成像卫星，实现成像收益最大化目标，需要选用或设计符合任务背景的任务规划算法，以满足成像任务的基本功能，同时各类算法在星载化的道路上也面临着满足不同约束、提高时效性、提高实时引导能力等挑战[2]。有别于传统的通过地面系统预先完成所有目标任务规划的方式，实时态势引导的多目标成像任务规划中面向的目标具有分布广、随机性强、需要临机决策等特点，要求卫星系统具有对突发任务的响应能力[3,4]。第 5 章提供了星上的实时态势信息引导信息生成解决方案，本章将解决态势信息如何利用的问题，给出了常见的离散情况的多目标向多星分配成像的求解方法与仿真分析，给出了态势驱动的其他分配策略，如区域成像、聚焦成像、接力成像等情况的策略和分析。

6.1　多目标分配的一般求解方法

在对地成像卫星任务规划的应用场景中，在一次过顶时间内，先使用大视场的无线电信号监测卫星普查区域内目标分布的情况，实时获取目标态势信息，再根据后续各成像卫星的约束分配目标，目标持续搜索发现，星上任务规划进行滚动处理，更新后续成像卫星的成像序列。

6.1.1　态势信息引导成像任务特点

态势引导的多目标分配与传统的多星协同自主任务规划问题相比，需要额外处理以下问题。

1）成像调度中卫星轨道、载荷与卫星状态的约束是确定的，但所有待处理的成像目标在调度前都是未知的，需要待搜索星实时引导发现后，才能够将其纳入规划，更新任务序列。

2）成像需求具有强时效性，在进行成像任务规划的短时间内需要完全脱离和地面站的指令传输。

3）每次成像调度的时间段为一个轨道周期内经过目标区域的数分钟，不考虑成像需求的重访。

获得态势引导信息后，根据目标的分布情况和用户对目标区域的调查需求，可以将多目标分配问题转换为多星对目标的分散成像、区域目标成像、聚焦成像及接力成像问题四种类型[5,6]。对于四类不同的问题，在进行多星多目标分配时处理规则和算法具有一定差异。区域目标成像、聚焦成像、接力成像是将多目标分配问题简化后的求解情形。

下面给出四种典型成像分配模式概述。

多目标分散成像：适用于目标空间分布较为离散的情况，对于一般重要性的单个目标，通常安排一个成像资源进行其图像获取即可。

区域目标成像：当一定范围内分布着多个目标，可将这些目标合成为一个区域目标，选取大幅宽卫星观测或将某些卫星的幅宽进行组合观测。

聚焦成像：适用于目标队列中出现特别重要的目标，此类目标通常由地面指定，需安排多颗卫星获取同一时间的图像，如多维度信息或立体成像的需求。

接力成像：主要针对某一类需要长期观测的移动目标，在不同卫星对目标过顶时，持续一段时间获取目标图像，更新目标最新位置。

6.1.2　态势信息引导成像任务约束

在卫星对观测任务的任务规划过程中，涉及不同的规划资源的状态约束和观测任务的逻辑约束，针对的是任务间的联系约束和用户需求约束[7,8]。

（1）规划资源约束

观测资源容量限制包含存储限制与能量限制。成像卫星获取的图像信息首先暂存于容量大小有限的星载存储器内。卫星在轨运行时，数据存储的大小不能大于容量的物理限制。为了循环使用空间，需要通过数传释放容量，为下次观测腾出空间。能量限制则是由于卫星通过太阳能充电，但执行观测任务、调整测摆角、数传等行为都在不断地消耗能量，没有足够的能量则不能进行各种耗能行为。

星载传感器和数传资源一般在同一时间只能执行一个任务。当时间窗中存在时间上的重叠时，为了消除观测任务之间的冲突，只能选择一个任务加入规划方案中。

（2）任务需求约束

态势引导成像场景下的目标是由在轨实时生成的，目标在不同的分布情况下，星上可选择不同的成像模式，如单个卫星捕获单个目标、多个卫星分别捕获多个目标、多个卫星共同观测同一个目标或者多个卫星以大的幅宽拼接覆盖大部分目标分布的区域。

光学成像卫星成像时，必须满足最小太阳高度角的要求；而 SAR 能穿透云层，进行全天候观测，因此没有要求。传感器成像分辨率越高，就越能够获得准确的信息，但同样会造成巨大的存储数据压力，具体指标设计需要与任务目标相匹配。

（3）任务时效性要求

用户的多类型任务中存在资源灾害区域覆盖、移动搜索任务、海洋缉私等紧急任务，这些任务具有高时效性，需要在设定的任务时间终止期前确保观测任务的成功实施。因此，要求卫星可以获取与需求相关的充分信息，从而满足这类任务的时效性要求[9]。

（4）侧视角度约束

成像卫星具备的侧摆功能大大增强了卫星的观测范围和灵活性。卫星可调整星载传感器对准目标，但由于传感器存在侧视角度的限制，因此目标必须在侧视角度允许范围内才能够被覆盖探测。

（5）传感器调整时间约束

在执行观测指令前，卫星需要时间调试姿态，将观测单元指向任务目标。同时，在观测机会相近时，卫星也要从当前观测情况下花费时间调整星载传感器，对准下一个观测目标[10]。

（6）时间窗约束

任务观测时间窗必须在可观测时间窗范围内，同时数传时间窗也必须在可通信时间范围内。

（7）任务观测之间的关联约束

静止观测任务间可能存在共生共存、互为排斥等关系，需要考虑任务间的观测顺序等任务需求[11]。

（8）任务的连续观测约束

考虑到卫星资源的稀缺性和移动搜索任务的不确定性，为了更快更多地搜索发现目标，需要充分利用每次卫星观测目标区域的机会[12]。卫星规划中涉及的因素繁多，在上述约束条件之外仍然有很多其他复杂约束，如地面的坐标转换、通信误码率、多传感器、立体成像等，在不影响问题分析与本质的情况下，本节不再赘述。

6.1.3　求解方法

基于提出的卫星成像的"时间-姿态"定义及成像卫星规划的约束，本小节将对态势信息引导下的多星协同自主成像任务规划问题的求解方法进行介绍。

多目标观测任务规划问题是在考虑卫星对目标的可见时间窗、卫星姿态机动可行性、观测目标价值等约束条件下，对卫星在规划 T 时间段内的任务计划表进行安排调度，以尽可能使得观测收益最大化[13]。

多目标观测任务规划问题，其最终目的是要得到 T 时间段内卫星的任务计划调度表，明确卫星在何时、机动以何种姿态、对哪个目标进行观测。在该任务规划问题中，已知卫星运行轨道模型、姿态机动模型、存储/能量模型，以及目标位置、价值、观测时间，目标的观测安排受到卫星的可见性约束、姿态机动约束、存储约束等，各观测目标之间的规划一般没有耦合关系。因此，可以把 T 时间段内的单星多目标观测任务规划问题转换为连续的 $t(t < T)$ 时间段内任务规划子问题。在每个时间段内，根据解算出的卫星可见目标集，考虑目标任务价值、姿态机动损耗等约束，选择观测收益最大的目标子集进行规划安排，依次迭代，直到完成 T 时间段内的单星多目标任务规划任务，给出 T 时间段内卫星观测目标的规划调度时间表[14]。

（1）求解卫星任务规划问题具体实施

任务属性：

$s = \{\text{position，value，deadline}\}$

position：位置

value：目标价值

deadline：任务结束时间

$S = \{s_1，s_2，\cdots，s_N\}$

卫星状态

$s = \{\text{position，attitude，storage}\}$

position：位置

attitude：姿态

storage：存储

算法实现过程如下所述。

步骤 1：确定任务规划子时间段 t_i，$\sum_{i=0}^{N} t_i \geqslant T$。

步骤 2：解算 t 时间段内卫星可观测目标子集 $S_{t_i} = \{s_{t1}，s_{t2}，\cdots，s_{tn}\}$。

步骤 3：对子集内目标按照目标价值由高到低排序。

步骤 4：对步骤 3 排序后的 S_{t_i} 再次排序，价值相等的目标层内按照偏离卫星轨道角度由小到大排序。

步骤 5：遍历 s_{ti}，依次将目标插入子卫星观测任务调度时间表。插入规则如下：如果 s_{tm} 的观测时间位于 s_{ti} 与 s_{tj} 之间，观测 s_{tm} 所需存储小于此时卫星剩余存储，且由 s_{ti} 机动到 s_{tm} 再由 s_{tm} 机动到 s_{tj} 不影响 s_{tj} 的观测，则 s_{tm} 可以插入子卫星观测任务调度时间表。

步骤 6：将子卫星观测任务调度时间表附加到已有卫星观测任务调度时间表。

步骤 7：对下一子时间段重复步骤 2～6，直到完成 T 时间段内单星多目标观测任务规划问题。

（2）临机调整规则

在多星分散成像场景下，规划星采用单星队列发送缓存机制，只发送目标将要执行的临近任务，其余队列可根据新发现重要目标进行插入、删除、替换等调整[15]。图 6-1 为临机调整示意图。

图 6-2 给出了实时引导式卫星任务规划。图中的圆形视场是卫星的发现视场，可见光相机的视场为矩形的窄条。需要注意的是，发现目标不等于有效成像，只有将进入发现视场后的目标进行自主任务规划和引导成像，使散点被纳入可见光相机对地机动成像的安排，才代表成像成功。实质上，卫星成像载荷短时间内推扫过的地面区域是一条矩形条带，点目标以二维分布方式分布在条带上。

圆形的无线电信号监测视场前向飞行，会先于成像载荷推扫线到达目标区域，因此可以识别和发现新出现的目标并逐个对目标进行信息解算与规划，分配给成像载荷。每个目标 T_i 可表示为

$$T_i = (i，t_{T_i}，A_{T_i}，P_{T_i}，N_{T_i}，D_{T_i}) \tag{6-1}$$

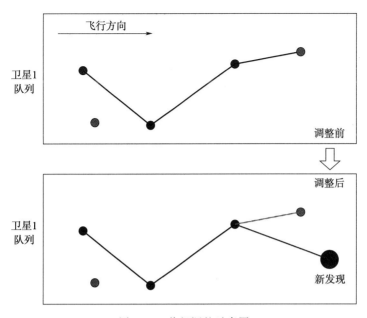

图 6-1　临机调整示意图

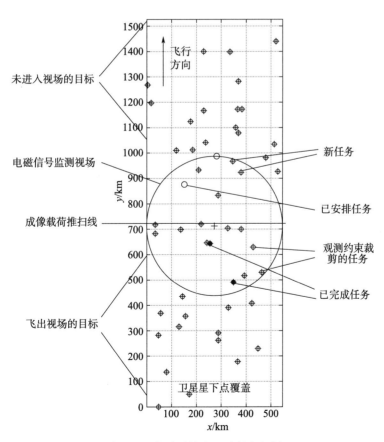

图 6-2　实时引导式卫星任务规划

式中　i ——任务标识；

　　t_{T_i} ——目标的过顶时刻；

　　A_{T_i} ——相对于中轴线的侧摆角度；

　　P_{T_i} ——目标的收益值；

　　N_{T_i} ——载荷识别号；

　　D_{T_i} ——卫星对单目标的成像时长。

任务冲突情况主要发生在卫星连续对不同侧摆角度下的目标进行成像时，分为两种典型情况[16]：

1）两个任务的成像时间窗口发生交叉；

2）序列中连续的两个任务，第一个任务的成像时间窗口结束后，由于载荷从一个侧摆角转移到另一个侧摆角，需要受到姿态转移约束的限制，在过顶后一个目标时，侧摆角仍未到达指定位置或姿态仍未稳定，造成冲突[17]。

本节设计了一种冲突检测方法，通过该检测的目标才可以被分配给成像星，因此首次规划得到的任务序列便具备可执行性。一个可执行的任务序列需要符合时序排布和无冲突的要求。

用于规划的目标库 $T_{all}=\{T_1，T_2，T_3，\cdots，T_N\}$ 是根据卫星对目标的成像时刻进行排序的，时序排序对最后一个任务之外的任意一个目标 T_i 都存在式（6-2）的性质。将该性质定义为 T_i 与 T_{i+1} 二者的时序排布，若任务库符合式（6-3）的性质，则目标库为时序排布的。

$$t_{T_i} \leqslant t_{T_{i+1}}，1 \leqslant i < N \tag{6-2}$$

$$t_{T_1} \leqslant t_{T_2} \leqslant t_{T_3} \leqslant \cdots \leqslant t_{T_N} \tag{6-3}$$

式中　t_{T_i} ——第 i 号任务 T_i 的最早成像时刻；

　　N ——目标的总数。

利用目标 T_i 的信息 $(i，t_{T_i}，A_{T_i}，P_{T_i}，N_{T_i}，D_{T_i})$ 的无冲突性定义，即对于时序排布的任务序列，若存在除最后一个任务 T_N 外的任意一个目标 T_i 满足式（6-4）的性质，则目标 T_i 与 T_{i+1} 具有无冲突性；对整个任务序列，若符合任意连续的两个目标都具有无冲突性，则该任务序列具有无冲突性，如式（6-4）所示。

$$\begin{cases} t_{T_i} + D_{T_i} \leqslant t_{T_{i+1}} & A_{T_{i+1}} = A_{T_i}，1 \leqslant i < N \\ t_{T_i} + D_{T_i} + \dfrac{A_{T_{i+1}} - A_{T_i}}{\omega_{S_i}} + t_W \leqslant t_{T_{i+1}}，& A_{T_{i+1}} \neq A_{T_i}，1 \leqslant i < N \end{cases} \tag{6-4}$$

式中　t_{T_i} ——目标的过顶时刻；

　　A_{T_i} ——相对于中轴线的侧摆角度；

　　D_{T_i} ——卫星对单目标的成像时长；

　　ω_{S_i} ——卫星侧摆的摆动角速度；

　　t_W ——摆动后成像需要的姿态稳定时间；

　　N ——目标的总数。

　　当卫星 S_i 在本次任务规划得到的任务序列 $List_i$ 同时满足时序排布和无冲突性时，该序列是可执行的。$List_i$ 内含有多个时序排列的目标。

　　基于目标库 $T_{all}=\{T_1, T_2, T_3, \cdots, T_N\}$ 和卫星库 $S_{all}=\{S_1, S_2, S_3, \cdots, S_M\}$，每颗卫星生成直接可执行的任务序列方法，即无冲突任务序列生成方法。

　　将待分配目标按时序排列，逐个检测无冲突性，当准备在目标序列插入新任务前，先将含有新任务的序列按时序排列，检测整个任务序列的无冲突性。若符合无冲突性，则可以加入新任务；不符合则剔除新加入的目标，更换任务序列进行检测，直到每个任务插入序列或被放弃。

　　通过对各星的任务序列 $List_i$ 的成像收益求和，可以得到整个多星系统的得分；设计临机调整策略，可以在完成目标无冲突分配的基础上，提高卫星组对多目标成像的整体收益[18]。

$$P_a = \sum_{i=1}^{M} \sum_{j=1}^{K} C_j^i \times P_j \qquad (6-5)$$

式中　P_a ——本次任务星簇对多目标成像的总收益；

　　　j ——成像目标的重要度等级，共 K 个；

　　　P_j ——对应目标收益等级 j 的成像收益；

　　　C_j^i ——本次任务规划过程卫星 S_i 已执行的对应重要度等级为 j 的成像任务数，共 M 个卫星。

　　在卫星实时引导过程中发现收益更大的目标时，可以通过删改现有任务序列，将新目标插入，进行临机调整，从而提高成像收益。在临机调整时，以下两种情况下的旧任务不可取消：一是卫星已经开始进行对待删改成像目标的姿态机动流程/成像作业，二是对待删改目标已经完成了过顶成像[19]。对目标 T_i 的检测方法为：符合式（6-6）的任务不可取消。

$$t_{T_{i+1}} - (t_{T_{i-1}} + D_{T_{i-1}}) > t_M \qquad (6-6)$$

式中　$t_{T_{i+1}}$ ——目标 T_i 时序后一个目标 T_{i+1} 的成像时刻；

　　　$t_{T_{i-1}}$ ——目标 T_i 时序前一个目标 T_{i-1} 的成像时刻；

　　　$D_{T_{i-1}}$ ——目标 T_{i-1} 的成像时长；

　　　t_M ——圆形视场先于成像推扫线抵达目标区域的时长。

　　在进行临机调整时，可以在出现价值较高的新目标时对待取消的旧目标进行检测，当新目标的价值没有旧目标的价值高时，规划星将不会对该星任务序列进行删除 T_i 增加 T_{i+1} 的操作，转而将目标向下一颗卫星分配，直至检测完所有卫星[20]。

6.1.4　仿真条件

（1）仿真条件

　　本节以海上搜救为例，对多星实时引导成像任务规划问题进行建模与分析。搜救范围假定为东南亚某区域，在该区域中分布多个待搜救信号源，共计 40 个。点目标与卫星位置分布如图 6-3 所示。随机为 40 个信号源赋予 100、20、10 三个不同等级的成像收益，各点目标位置及成像收益信息如表 6-1 所示。

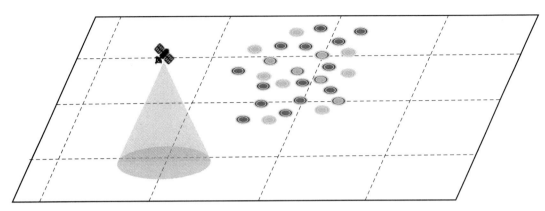

图 6-3　点目标与卫星位置分布

表 6-1　目标位置与成像收益信息

目标编号	纬度/(°)	经度/(°)	收益	目标编号	纬度/(°)	经度/(°)	收益
1	3.40	94.08	100	21	6.28	98.81	20
2	4.59	95.40	20	22	3.04	97.88	100
3	3.89	96.47	20	23	2.89	96.39	10
4	5.15	99.46	10	24	5.61	96.96	100
5	6.66	97.95	20	25	5.70	95.36	10
6	4.86	98.52	100	26	3.65	97.04	10
7	2.70	97.09	100	27	4.80	94.37	100
8	3.86	93.46	10	28	4.10	95.93	100
9	3.89	95.02	10	29	5.61	97.87	20
10	8.41	99.19	10	30	7.14	98.17	100
11	6.88	98.82	20	31	5.26	95.07	100
12	7.54	99.52	10	32	3.03	94.75	100
13	6.82	93.32	100	33	6.23	100.00	100
14	3.04	95.63	10	34	5.62	99.00	20
15	4.86	97.74	100	35	6.79	96.74	10
16	3.46	94.51	100	36	5.15	95.99	100
17	4.16	93.86	10	37	6.27	97.32	10
18	4.92	100.60	10	38	4.03	98.54	20
19	8.49	95.66	10	39	4.92	96.66	10
20	4.26	99.80	20	40	7.52	99.00	10

　　可用卫星共计三个，均安装幅宽 30 km 的可见光相机。其中，Sat 1 同时安装了搜索发现角度范围锥角的电磁信号监测载荷，可以实时发现目标，引导多星成像。成像卫星轨道参数由表 6-2 给出，给出形式为卫星在仿真起始时刻 WGS84 坐标系下的位置速度。卫星姿态机动能力由表 6-3 给出。

表 6 - 2　成像卫星轨道参数

卫星编号	X 轴位置/m	Y 轴位置/m	Z 轴位置/m	X 轴速度/(m/s)	Y 轴速度/(m/s)	Z 轴速度/(m/s)
Sat 1	2.47×10^5	6.85×10^6	6.86×10^4	-5.75×10^3	1.64×10^2	4.37×10^3
Sat 2	3.21×10^5	6.85×10^6	1.72×10^4	-5.74×10^3	2.58×10^2	4.38×10^3
Sat 3	2.96×10^5	6.85×10^6	3.43×10^4	-5.74×10^3	2.26×10^2	4.38×10^3

表 6 - 3　卫星姿态机动能力

卫星编号	侧摆角速度/(rad/s)	单目标的成像时长/s	姿态稳定时间/s
Sat 1	0.03	10	10
Sat 2	0.03	10	10
Sat 3	0.03	10	10

仿真的起始时刻为 25 Apr 2019 04：00 - 00.000 UTC，结束时刻为 25 Apr 2019 04：06：00.000 UTC，时长 6 min。至结束时，三颗卫星推扫线均已完全飞过目标搜救区域。仿真以时间步进限制获知目标的信息，模拟在轨实时引导的情况，只有进入了圆形电磁信号监测载荷探测范围的待搜救信号源才对于卫星位置可知。假设星间链路可以满足要求，卫星实时的姿态轨道互相可知，且电磁信号监测载荷可以根据目标的频谱信息判断出目标的成像收益。

（2）仿真实验结果

基于无冲突序列生成方法，将仿真实验根据使用方法分为常规组和临机调整组，常规组仅通过无冲突序列生成方法分配目标，临机调整组基于无冲突序列生成方法增加临机调整策略。两组采用相同的 40 个待搜救目标，以实时引导发现的方式分配给三颗卫星，评价结果的有效性及收益情况。

面向该组目标分布，两种成像任务规划算法得到了不同的成像规划方案。表 6 - 4 和表 6 - 5 分别列举了两种算法下三颗卫星的成像序列与该序列对应的成像总收益分数。目标过顶时刻均发生在仿真时段内，表 6 - 4 和表 6 - 5 内仅列出了分和秒。

表 6 - 4　常规组任务规划结果

卫星编号	目标成像编号序列	目标过顶时刻序列	目标成像侧摆角序列/(°)	收益
Sat 1	8→17→2→24→5→40	01:38→01:46→02:11→02:42 →03:05→03:27	−9.43/−9.53/−16.72/−18.11/ −15.09/−14.19	170
Sat 2	1→31→15→34	01:42→02:13→02:45→03:10	−18.57/−7.54/−29.64/−30.97	320
Sat 3	32→28→38→4	01:47→02:14→02:48→03:12	−26.40/−24.83/−39.32/−36.56	230

表 6 - 5　临机调整组任务规划结果

卫星编号	目标成像编号序列	目标过顶时刻序列	目标成像侧摆角序列/(°)	收益
Sat 1	16→36→6→33	01:48→02:24→02:56→03:29	−21.02/−15.56/−33.89/−31.84	400
Sat 2	1→31→24→30→10	01:42→02:13→02:42→03:12→03:38	−18.57/−7.54/−18.11/ −11.82/−6.46	410
Sat 3	32→28→15→34	01:47→02:14→02:45→03:10	−26.40/−24.83/−29.64/−30.97	320

分析两组规划结果，可以得出以下结论。

1) 两组算法成功地将输入的待搜救目标根据时序排布分配给了三颗成像星，各个成像序列均时序排布且无冲突，目标只存在被分配一次或被放弃的状态，从未被重复分配，判定序列可执行，算法有效。

2) 临机调整组在总成像目标 13:14，少一个的情况下实现了收益 1 130:720 的提高，实时删改序列也未造成任务序列冲突。

为了更直观地表现两种算法所得结果的差异，通过卫星对目标成像顺序连线的方法将成像序列列出，纳入规划才会被折线通过，不同形状的点目标表示不同等级的成像收益。图 6 - 4（a）和（b）分别给出了两种算法得到的任务规划方案，卫星成像折线通过的目标为成像成功的目标。

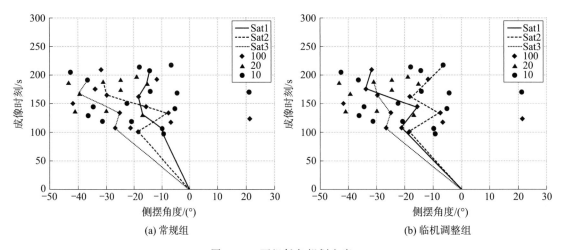

(a) 常规组　　　　　　　　　　　　　(b) 临机调整组

图 6 - 4　两组任务规划方案

比对图 6 - 4（a）和（b），三颗成像星的任务执行序列具有以下特点：临机调整组对于高收益目标的覆盖性明显提高，三颗成像星覆盖了 15 个 100 收益重要目标中的 11 个，较常规组的 6 个有显著提高，表明临机调整通过用高收益目标替代低收益目标的方式可有效地提高整个规划方案的成像收益。

6.2　多目标分配多类型处理方法

6.2.1　区域目标成像

卫星成像任务规划的目标类型主要有两类，分别是点目标和区域目标。区域目标的覆盖范围较大，卫星单次观测无法完成覆盖，必须先将其分解成一组成像条带集合，再安排卫星对条带进行观测。因此，区域目标分解是卫星成像任务规划中的关键环节，分解方法在很大程度上影响了卫星对区域目标的观测效率。

目前，区域目标的分解方法主要有以下几种：

1）基于独立场景的点目标覆盖方法，依据独立单景，将区域目标分解转换为集合覆盖问题。

2）基于固定宽度的条带分解方法，依据卫星的飞行方向和成像幅宽，将区域目标分解为固定宽度的平行条带。

3）基于高斯投影的条带分解方法，利用高斯投影将区域目标从大地坐标系转换到平面坐标系，在平面坐标系下对目标进行分解，再利用高斯反算将其转换到大地坐标系。

4）基于预定义参考系的单景分解方法，依据定义的全球参考系将区域目标分解为多个独立的场景。这些分解方法处理的区域目标面积相对较小，对于较大的区域目标分解误差较大。另外，采用高斯投影的分解方法时要进行多次高斯投影及反向运算，具有计算量大、效率低等缺点[21]。

本节设计并实现了一种基于卫星视场角的多边形区域目标动态分解方法，并做出了如下改进：

1）按照固定的角度偏移量对区域目标进行分解，且偏移的角度就是卫星的视场角，同时考虑幅宽的动态变化。条带方向与卫星飞行方向平行，条带之间不存在重复覆盖的情况，避免了复杂的集合交运算，提高了卫星对目标的观测效率。

2）采用立体几何方法计算观测条带的覆盖范围，避免高斯投影在大地坐标系与平面坐标系之间的反复变换，提高了计算效率。

区域目标动态分解方法流程如图 6-5 所示，其中待分解的多边形区域目标集合为 $T = \{T_1, T_2, \cdots, T_N\}$ ，分解后的条带集合为 $I = \{I_1, I_2, \cdots, I_N\}$ 。卫星侧摆观测角度范围为 $\pm \max g$ ，卫星遥感器的视场角为 Δg 。条带分解时的角度偏移量为 $\Delta \beta$ ，满足 $\Delta \beta = \Delta g$ 。卫星对区域目标 T_i 的时间窗口的集合为 $W_i = \{w_{i,1}, w_{i,2}, \cdots, w_{i,m}\}$ ，第 i 个区域目标的第 m 个时间窗口表示为 $w_{i,m}$ 。$I_{i,j,k}$ 为卫星在时间窗口 $w_{i,j}$ 内对区域目标 T_i 分解得到的第 k 条观测条带。$\beta_{i,j,k}$ 和 $\theta_{i,j,k}$ 分别为卫星在时间窗口 $w_{i,j}$ 内对区域目标 T_i 分解得到的第 k 条观测条带的侧摆角和俯仰角。

1）根据卫星的轨道参数，计算卫星对区域目标 T_i 的可见时间窗口集合 W_i 。

2）遍历 W_i 中的每个可见时间窗口 $w_{i,j}(1 \leqslant j \leqslant m)$ ，根据每个时间窗口对区域目标 T_i 进行分解。

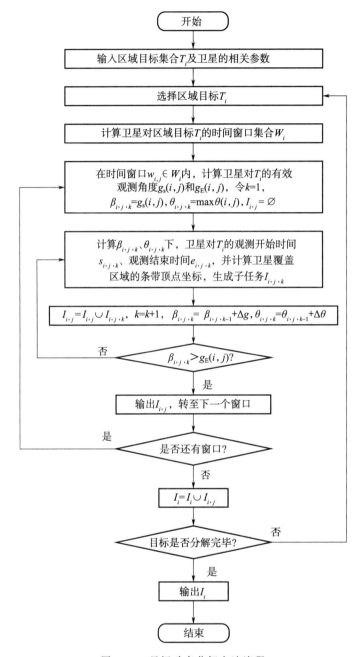

图 6-5　目标动态分解方法流程

a）计算在时间窗口 $w_{i,j}$ 内，卫星指向区域目标 T_i 的观测角度范围，得到卫星对目标的最大侧摆角度 $g_{\max}(i,j)$ 和最小侧摆角度 $g_{\min}(i,j)$、最大俯仰角度 $\max\theta(i,j)$ 和最小俯仰角度 $\min\theta(i,j)$。

b）计算卫星对区域目标 T_i 的有效的观测最小侧摆角度 $g_S(i,j)$ 和最大侧摆角度 $g_E(i,j)$ 如下：

$$g_S(i,j) = \max\left\{g_{\min}(i,j) + \frac{1}{2}\Delta g, -\max g\right\} \tag{6-7}$$

$$g_E(i,j) = \min\left\{g_{\max}(i,j) - \frac{1}{2}\Delta g, \max g\right\} \tag{6-8}$$

c）计算分解的条带数目 $n = \lceil g_E(i,j) - g_S(i,j)\rceil/\Delta g$，向上取整。按照不同的观测角度对区域目标进行分解。侧摆角 $\beta_{i,j,k}$ 从 $g_S(i,j)$ 开始，以 $\Delta\beta = \Delta g$ 为角度偏移量，俯仰角 $\theta_{i,j,k}$ 以 $\Delta\theta = \lceil \max\theta(i,j) - \min\theta(i,j)\rceil/(n-1)$ 为角度偏移量，从 $\max\theta(i,j)$ 开始，沿垂直于星下点轨迹的方向进行偏移，直至 $g_E(i,j)$ 结束。

d）根据卫星对地覆盖区域的计算方法求得卫星对地覆盖条带的顶点坐标，从而可以得到分解条带的坐标信息。

e）计算卫星对区域目标 T_i 在时间窗口 $w_{i,j}$ 内分解的条带集合 $I_{i,j}$。

3）对区域目标 T_i 在各个时间窗口内进行分解，得到条带集合 I_i。

4）依次分解其他区域目标，得到分解后的条带集合 $I = \{I_1, I_2, \cdots, I_N\}$。分解完毕后，返回并输出结果。大区域拼接如图 6-6 所示。

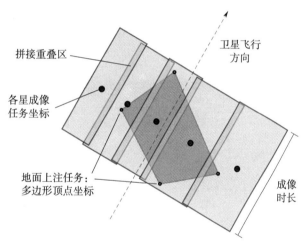

图 6-6　大区域拼接

分解后的条带即为卫星的一个观测活动，可表示为

$$I_{i,j,k} = \{T_i, k, s_{i,j,k}, e_{i,j,k}, \beta_{i,j,k}, \theta_{i,j,k}, p\} \tag{6-9}$$

式中　T_i——区域目标标识；

　　　k——条带编号；

　　　p——观测条带的坐标信息。

下面给出一个仿真案例。

执行大区域分解成像任务规划，按照 6 颗星幅宽模型，进行区域分解，按照卫星排列顺序、拼接重叠度等拼接约束，分解结果表 6-6 所示。

表 6-6 成员星情况表

卫星	幅宽/(°)	条带中心经度/(°)	条带中心纬度/(°)	成像时长/s	扫描长度/km	卫星
1	15	134.279 6	35.180 60	81	545	1
2	23	133.045 5	32.410 94	81	545	2
3	34	132.054 9	30.047 78	81	545	3
4	16	131.290 1	28.136 87	81	545	4
5	5.4	130.891 0	27.110 08	81	545	5

经大区域拼接，6 个成像卫星视场总和 102.83°，幅宽 1 400 km，如图 6-7 所示。

图 6-7 区域拼接示意图（6 星）

6.2.2 聚焦成像

聚焦成像是多目标成像的特殊情形，其特点在于多星只针对一个指定的重要目标进行聚焦成像，因此对于目标的实时排序和遴选尤为重要[22]。

（1）聚焦规则

当星上选择聚焦成像模式时，星上根据融合后的引导数据中"是否聚焦"字段进行判断，对为"是"的目标进行多星观测同一个目标的聚焦分配。若融合后的多个目标都有聚焦需求，则根据区域等级、重要度、置信度、信源组合等依次排序，取最大的目标进行聚焦成像。

（2）各星同一个队列生成

当需对多个目标连续聚焦观测时，星上选择多目标分散成像模式，优选融合目标中的成像偏好字段需要"组合观测"的目标，按照区域等级、重要度、置信度、信源组合等优先级，依次分发各星同一个队列，如图 6-8 所示。

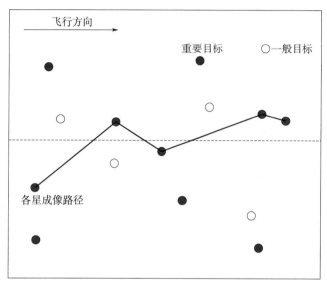

图 6-8　各星同队列

下面给出一个仿真案例。

卫星编队执行广域搜索，多种搜索源头的输入信息如表 6-7 所示。

表 6-7　引导信息统计

搜索载荷	原始数据包个数	原始目标个数
搜索源头 1	61	362
搜索源头 2	17	23
搜索源头 3	88	684
搜索源头 4	88	364
搜索源头 5	87	681

结合重点目标库，目标引导队列，根据目标重要度与成像偏好等信息，优选出最重要的聚焦目标分配给成像星，每 60 s 执行一次目标队列触发的成像任务规划，规划处理结果如表 6-8 所示。

表 6-8　规划处理结果

批次	任务规划时刻	分配个数	重要度
第一批	2020/3/29 00:23:00	1	9
第二批	2020/3/29 00:24:00	1	7

续表

批次	任务规划时刻	分配个数	重要度
第三批	2020/3/29 00:25:00	1	8
第四批	2020/3/29 00:26:00	1	6

星上从四批目标队列中优选出了四个目标分配给所有成像星进行聚焦成像。

6.2.3　接力成像

接力成像是指通过星间任务分发启动或地面指控执行星间接力，实现对特定区域的长时间成像方式[23]。接力成像包括同轨接力成像和异轨接力成像，同轨接力成像可在串行编队下使用，与地面传统的任务规划方法类似，主要依赖地面指控；异轨接力成像在本书中不考虑。

图 6-9 给出了一种卫星编队构型，通过搜索发现引导成像接力，可对区域内点目标进行连续覆盖。

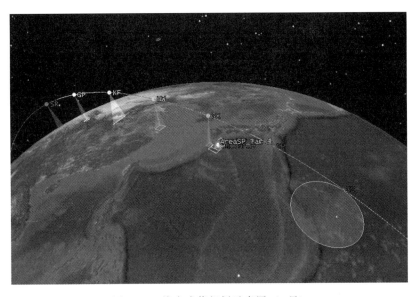

图 6-9　接力成像规划示意图（6 星）

态势搜索卫星完成对目标搜索发现后，引导后续成像卫星对目标实施成像接力观测，各成像星以不同手段完成目标的成像接力，对目标区域实施连续 13 min 观测。驱动成像任务规划结果如表 6-9 所示。

表 6-9　成像任务规划结果

星	成像开始时刻	成像时长/s
1	00:25:59	50
2	00:28:45	6

续表

星	成像开始时刻	成像时长/s
3	00:31:00	6
4	00:33:11	20
5	00:35:30	12
6	00:38:00	5

6.3　小结

　　本章对态势信息引导下的多星协同自主成像任务规划方法进行了研究,星上实时对态势信息的利用有多种方式,本章根据目标的分布特性和重要程度等参数,将问题划分为一般的多目标向多星分配成像、区域成像、聚焦成像和接力成像等 4 种典型情况进行论述。分析了态势信息引导成像任务的特点和约束,给出了多目标分配的方法。仿真结果表明,本章提出的方法对多星多目标规划、区域拼接成像、聚焦目标成像、多星接力成像四类任务场景有效,可解决态势驱动下的多目标、区域目标的分散、聚焦、接力等成像方式的规划问题。

参 考 文 献

［1］ SANCHEZ M，ALLOUCHE D，de GIVRY S. Russian doll search with tree decompsition ［J］. Proceeding of the 21st international joint conference on artificial intelligence，2009：6.

［2］ 白保存，贺仁杰，李菊芳，等. 卫星单轨任务合成观测问题及其动态规划算法 ［J］. 系统工程与电子技术，2009，31 (7)：1738 - 1742.

［3］ 慈元卓，徐一帆，谭跃进. 卫星对海洋移动目标搜索的集中算法比较研究 ［J］. 兵工学报，2009，30 (1)：119 - 125.

［4］ 张昊. 通用战场态势可视化系统的设计及实现 ［J］. 计算机工程与应用，2018，54 (17)：258 - 265.

［5］ 王永刚，刘玉文. 军事卫星及其应用概论 ［M］. 北京：国防工业出版社，2003.

［6］ 陈莉娟. 数字高程模型构建算法及其应用研究 ［D］. 沈阳：东北大学，2009.

［7］ 任必虎，贺仁杰. 基于曲线拟合的移动目标卫星动态跟踪方法 ［J］. 科学技术与工程，2013，13 (28)：8539 - 8543.

［8］ 何友. 多目标多传感器分布信息融合算法研究 ［D］. 北京：清华大学，1996.

［9］ 潘泉，王增福，梁彦，等. 信息融合理论的基本方法与进展 ［J］. 控制理论与应用，2012，29 (10)：1233 - 1240.

［10］ 杨露菁，余华. 多源信息融合理论与应用 ［M］. 北京：北京邮电大学出版社，2006.

［11］ KHALEGHI B，KHAMIS A，KARRAY F O，et al. Multi - data fusion：A review of the state - of - the - art ［J］. Information Fusion，2011，14 (1)：28 - 44.

［12］ DASARATHY B V. Decision fusion ［M］. Los Alamitors：IEEE Computer Society Press，1994.

［13］ 权太范. 信息融合：神经网络-模糊推理理论与应用 ［M］. 北京：国防工业出版社，2002.

［14］ 乔向东，李涛. 多传感器航迹融合综述 ［J］. 系统工程与电子技术，2009，31 (2)：245 - 250.

［15］ 周海银，王炯琦，潘晓刚，等. 卫星状态融合估计理论与方法 ［M］. 北京：科学出版社，2013.

［16］ BAR - SHALON X，CAMPO L. The effect of the common process noise on the two sensor fused - track covariance ［J］. IEEE Transaction on Aerospace and Electronic System，1986 (6)：803 - 805.

［17］ JULIER S J，UHLMANN J L. Using covariance intersection for SLAM ［J］. Robotics and Autonomous Systems，2007，55 (1)：3 - 20.

［18］ NEBELECKY C K，CRASSIDIS J K，FOSBURY A M，et al. Efficient covariance intersection of attitude estimates using a local - error representation ［J］. Journal of Guidance, Control and Dynamics，2012，35 (2)：692 - 696.

［19］ 李济廷. 多星协同自主任务规划问题研究 ［D］. 长沙：国防科技大学，2017.

［20］ 陈晓宇，戴光明，王茂才，等. 多星联合对地观测调度规划方法 ［M］. 北京：北京邮电大学出版社，2019.

[21]　曹敏洁. 遥感图像厚云及其去阴影技术研究 [D]. 桂林：广西师范大学，2015.

[22]　王小非，陈云秋. 海战场态势分析与评估方法 [J]. 火力与指挥控制，2006，31 (6)：1 - 3.

[23]　BERNARDINI S，FOX M，LONG D，et al. Autonomous search and tracking via temporal planning
　　　 [J]. 2013，23：353 - 361.

第7章　多星协同数传任务规划

卫星数传任务规划主要解决地面站对卫星数据下行链路的调度问题，具体指在星地可视时间弧段内，在满足一定约束的条件下，实现预期目标（如执行任务数量最多、地面设备利用率最高等），它是一类复杂约束条件下的离散型组合优化问题。多星协同数传任务规划是解决在轨信息节点星对其他卫星星数据的汇集后再下传的问题，汇集后的多星数据由信息节点星下传地面，可以有效减少对地面站的资源占用，以满足任务需求提高效率。

7.1　数传任务规划技术背景

随着在轨卫星数目的持续增加，卫星能力需求的持续升级，大规模的组网卫星和编队卫星应运而生，对多星协同、星间互联及星上数据智能处理提出了新要求。传统的对每颗卫星数据单独接收的使用模式，将无法应对卫星数量的在轨大规模激增。

7.1.1　星站直连式数传概述

数传主要传输的是卫星载荷获取的信息，星站直连式数传是现阶段主流的单星载荷数据对地数传的方式。遥感卫星接收地面站遥控指令后，在任务目标上空执行对地观测任务，在过境地面站上空时，将载荷数据经星地链路回传至地面设备，具体流程如图 7-1 所示。星站直连式单星数传的约束条件主要包括卫星轨道、卫星天线覆盖范围、星载存储器容量、星地可见性、传输频带和速率等。

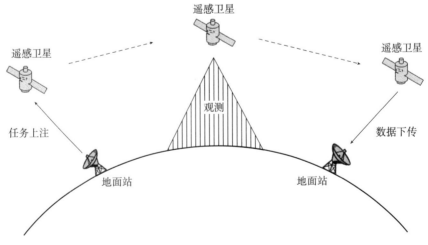

图 7-1　星站直连式数传任务流程

传统星站直连式卫星数传模式存在以下不足：依赖于星地之间有限的可见弧段，卫星过境地面站上空的时间与频次限制了数传任务规模；卫星数传时间链条过长，等待过境窗口的流程耗时往往达数小时，时效性较低，难以满足应急搜救和态势更新等高时效任务需求；且在多星同时过境地面站上空时需要频繁建链，无法胜任有多星紧密协同配合需求的复杂任务；地面站无法应对在轨卫星数量的急剧增加。

7.1.2　中继回传式数传概述

基于中继卫星的数传模式是对传统单星数传模式的改进，具体流程如图 7 - 2 所示。利用中继卫星的数据中继功能，遥感卫星无需过境地面站上空即可完成任务指令上注和数据下传操作，避免了可见弧段的不利影响，大幅提高了卫星数传的时效性。

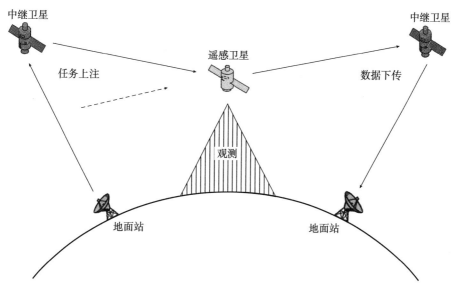

图 7 - 2　中继回传式数传任务流程

中继卫星解决了星站直连式的若干问题，如卫星—中继—地面站的连接，使卫星数据可落地的时间窗口大为增加，但中继卫星一般部署在静止轨道高度，往往受限于通道数量、信道带宽和传输速率等，另外，中继卫星的使用，通常由地面管控系统事先编排任务，为计划式的通道资源预分配模式，在轨实时性不强，仍无法满足应急搜救、态势快速更新等高时效卫星应用要求。

7.1.3　多星协同式数传概述

包括中继数传在内的单星星站直连数传均属于传统卫星数传方法，受限于星间链路的可见时间有限、计划调度周期长、管控链条长、时效性欠佳，无法解决高动态变化的在轨多数据传输任务，且实时调度存在如协同时效性差、传输冲突等方面的问题[1]。因此，为提高资源利用效率，需顺应当前卫星星座化、集群化、星上智能化的趋势，给出多星载荷有效数据下行新的解决思路。

目前大多数成像卫星获取的图像数据通常都将原始数据下传，通过星载天线直接回传到地面接收站，通过后续的数据处理得到相应图像产品。在多星协同体制下，图像数据在星上即可执行处理操作，将图像中有效的目标附近部分予以切片，去除无效的区域（如广阔海洋背景和云层覆盖区域等）之后，由在轨的信息节点卫星进行汇总并下传。地面接收站和用户能够直接接收到最终的图像产品。具备一定自主性功能的卫星在轨图像数据汇总过程中，多星协同数传技术可用于解决卫星建链及数传通道调度问题。多星协同的体制能够从不同维度刻画同一目标的不同属性，弥补了单星体制观测的短板，其载荷信息在轨融合能力在支撑任务高效执行的同时，也给星间互联与数据传输提出了新的要求。

多星协同星间数传技术一般用于对地观测任务的组网或编队卫星中，其中通常包含执行成员星和规划星（信息节点星）。如图7-3所示，具体任务流程可描述为：1）执行成员星在完成成像任务后，通常会提取图像中的地物和船只等区域切片数据，执行图像或信号的在轨实时处理，得到对切片数据的特征描述；2）将切片数据连同特征描述信息一同打包，经星间链路传输至规划星；3）规划星对多星数据进行集中汇集并处理后，得到针对特定区域或全球范围的高级描述与认知；4）规划星将相应数据经星地链路回传至地面设备。

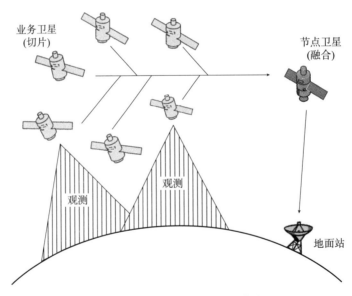

图7-3 基于中继卫星的遥感卫星任务流程

7.2 数传任务规划意义与方法概述

随着卫星在军、民应用中的不断深入发展，卫星种类不断增多，功能不断增强，数量不断增长，需要下传的数据规模也急剧增大。如何分配有限的地面资源及其可见时间窗口，以满足日益增长的卫星数传需求，成为亟待解决的问题，因此研究卫星数传调度具有积极的现实和理论意义[2,3]。

7.2.1　数传任务规划概述

研究卫星数传调度是合理制定卫星数传调度方案的需要。在数传任务迅速增长的同时，地面资源却没有相应的增加，这势必造成卫星数传调度变得困难而复杂，使得任务对地面资源及可见时间窗口的竞争加剧，更多任务由于资源冲突或者时间窗口冲突而无法执行。当问题规模较小时，通过简单的启发式规则即可制定一个合理的卫星数传调度方案；但当问题规模逐渐增大时，调度约束和冲突也随之增加，基于简单规则的算法或者人工操作将不能保证获得一个较优的调度方案[4]。这种情况也出现在 AFSCN (air force satellite control network) 的调度中。根据基准数据（benchmark data），1992 年每天约有 300 个任务，2002 年每天约有 500 个任务。因此，有必要通过研究卫星数传调度，使用户能在合理时间范围内制定出满意的卫星数传调度方案。

研究卫星数传调度是评估地面资源数传服务能力的需要。地面站的造价和运行成本很高，同时布站位置受到地理条件、政治安全等因素的影响，不能大范围布站。如果布站过多，将造成浪费，地面资源太少又无法满足日益增长的卫星数传调度需求。因此，卫星数传调度研究将科学客观地评估地面资源的数传服务能力，为科学规划和管理地面资源提供理论依据和决策支持[5]。

研究卫星数传调度是进行卫星探测（观测）任务规划的需要。卫星数据获取和数据传输是相辅相成的重要环节，卫星数据获取阶段的决策问题是卫星探测（观测）任务规划问题（satellite observation mission planning problem，SOMPP），卫星数据传输阶段的决策问题则是卫星数传调度问题，两者既相互联系又相互区别。卫星任务规划结果将产生卫星数传任务需求，卫星数传调度结果则是进行卫星任务规划的重要约束和决策依据。卫星数传调度问题以数传任务作为决策对象，并随着可见时间窗口的变化而变化，考虑的是星载存储器中的已有数据（"存储转发"数据）或者将要实时下传的数据（"实拍实传"数据），每调度一个数传任务都能为星载存储器恢复一定的存储空间，为执行更多的观测任务提供存储条件。卫星探测（观测）任务规划问题中，将探测（观测）任务作为决策对象，并随着探测（观测）目标的变化而变化，研究的是为卫星上的传感器确定待执行的探测（观测）任务，每执行一个探测（观测）任务都要向星载存储器中写入数据。所以，卫星数传调度研究将有助于制定合理的卫星探测（观测）任务规划方案，使更多的探测（观测）任务得到执行。

7.2.2　数传任务规划难点

卫星数传调度不仅是现实问题，也是一个理论难题，主要体现在问题求解流程中，即数据预处理、模型构造、算法求解、结果评估四个阶段面临的技术和理论难点[6]。

（1）数据预处理阶段

数据预处理阶段主要通过定义数据结构对场景资源数据、预报流数据和任务数据等进行形式化描述和规范化处理，良好的数据结构是进行构建调度模型和设计调度算法的基础[7]。其中，场景资源数据主要包括场景中的卫星及其数传天线、地面站及其数传天线；预报流数据是利用数字仿真工具计算得到的各卫星与地面站之间的几何可见时间窗口；任务数据根据每颗卫星的数传需求得到，具有优先级、时间等基本属性。这三类数据差异较大，形式化描述和规范化处理较为困难。

（2）模型构造阶段

模型构造阶段主要确定卫星数传调度目标及其评价指标计算方法，依据建模理论和方法对主要调度约束进行形式化描述。由于卫星数传调度涉及资源、时间窗口、任务等基本对象，具有资源约束、任务约束和时间窗口约束等复杂约束条件，因此对约束条件的处理和描述较为困难[8]。从不同的数传调度需求出发，卫星数传调度通常包含一个或多个目标，针对调度目标及其评价指标计算问题的研究具有理论意义。

（3）算法求解阶段

算法求解阶段主要根据卫星数传调度模型设计并实现模型求解算法，以获得满足用户要求的数传调度方案。单目标调度模型和多目标调度模型的求解算法差异较大，前者只考虑一个调度目标，不同的目标将引导不同的求解方向，在理论上能够设计具有全局收敛性的单目标优化算法；后者需要考虑多个优化目标，增大了问题的复杂程度和求解难度，通常不能获得所有优化目标的最优解，但是可以通过多目标优化算法获得在多个目标上具有最好折中的优化解[9]。求解卫星数传调度问题的关键在于根据调度模型设计相应的优化算法。

（4）结果评估阶段

结果评估阶段主要是对算法获得的卫星数传调度方案和算法性能进行评估。为评估卫星数传调度方案，需要建立卫星数传调度评价指标体系，并提出评价指标的计算方法。同时，诸如"怎样建立指标评价体系""怎样计算评价指标"都是值得研究的问题。算法性能评估主要对算法求解效率、算法对调度目标的优化能力、算法鲁棒性及收敛性指标等进行评价，作为改进算法和提高算法性能提供依据[10]。

7.2.3 数传任务规划方法

卫星数传规划方法解决的是卫星采集的图像数据如何回传给地面站的问题，以尽量满足较多的数传任务需求为目标，对卫星及数据接收资源进行规划，确定数传的起始时间、持续时间、观测卫星及地面站天线等数传设备的动作参数。

卫星数传规划方法关联卫星和地面站两类实体，其中卫星是数传服务需求方，地面站是数传服务提供方。由于卫星角度的数据回传和地面站角度的数据接收在时间上是同步的，因此卫星数传调度和地面站数传调度通常指代同一问题。大部分数传调度方法研究从地面站接收的角度展开。

目前，针对多星协同数传任务规划问题主要有以下几类求解方法。规则启发式算法以遗传算法、蚁群算法、粒子群算法等并行程度较高的算法为主。基于层次化结构的多星任务协商分配方法将多颗卫星按星座、星簇和单星划分为三个层次，通过层次间协商将总体数传目标分解至各卫星。多智能体方法对各颗卫星的约束信息进行抽象，分别将其映射为具有自主数传规划能力的智能体，进而组成多智能体系统，再结合多星协同数传任务规划的特点采用基于多智能体合同网协议的思想进行求解。

7.2.4　数传任务规划评价指标

为了评价卫星数传调度结果的优劣，本节阐述卫星数传任务的评价指标[11]，如图 7 - 4 所示。

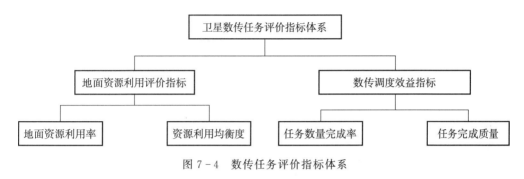

图 7 - 4　数传任务评价指标体系

1）地面资源利用率：衡量数传卫星任务规划中对地面资源的利用情况。在数传过程中，要求对地面资源进行充分利用。提高地面资源的利用程度，可以更好地满足数传任务的调度需求。

2）资源利用均衡度：评价对地面资源利用的均衡程度，避免存在部分地面设备高负载而其他地面设备空闲的情况。

3）任务数量完成率：评价在数传调度中完成的任务数量。任务数量完成越多，则该指标越高。

4）任务完成质量：衡量完成的数传任务的重要程度，要求在数传过程中优先完成优先级高的任务，获取更大的利益。

对于不同类型的数传任务，可以指定不同的数传任务评价指标。

7.3　多星协同星间数传任务规划求解

多星协同星间数传规划是星间数传任务的核心问题之一。可采用规则启发式求解策略进行求解。本节将规划星命名为主星，执行成员星命名为从星。多星协同星间数传规划问题所面临的挑战为：合理选择主星和从星间数传任务，分配数传资源，使得主星和从星之间配合得当；恰当选取任务的最终执行方式，合理安排和调度卫星的数传动作；处理参与调度的卫星等多类型资源的使用约束，最大化满足卫星的数传需求等[12,13]。

多星协同星间数传规划问题可以描述如下：已知数颗主星和数颗从星，主星有多个通道。每颗从星接收到主星发送的数传任务启动消息后，根据主星和从星间的相互位置关系等，计算并生成星间传输任务的反馈信息并发送给主星；主星接收从星的反馈信息，根据一定的算法或规则生成数传任务规划，并把相应的规划信息发送给各从星；从星根据主星分发的规划信息将数据传输给主星。

7.3.1　问题假设

在多星协同星间数传规划问题中，为了能够更好地解决问题，提出以下假设和约束：

1）所有主星只能接收来自从星的数据传输，所有从星只能把数据传输给主星，即从星间不能进行数据传输；

2）在某一时刻的某一主星通道内只能接收来自一颗从星的数据传输，不能接收来自多颗从星的数据传输；

3）不同主星通道间接收数据互不影响，主星能够通过不同通道在同一时间接收来自不同从星的数据；

4）当从星向主星进行数据传输时，这一数传任务不能中断或取消，主星必须接收完从星的数据后，才能开启下一个数传任务；

5）主星通道在某一数传任务的开启时刻和结束时刻必须留有一定的余量时间，余量时间包括关闭接收通道单机时间、天线机构复位时间、姿态对日定向时间和数据存储清除时间等；

6）所有从星数传任务的优先级一致，按照先入先出的原则，请求窗口靠前的数传任务优先执行；

7）若某一从星数据传输的结束时刻超出星间数传任务的结束时刻，则取消该数传任务；

8）已知所有主星的通道数量、通道开启时刻和关闭时刻、任一从星的数据传输任务使用的主星数传通道的编号；

9）主星轨道信息用于从星预推计算，主要包括与主星通信链路的指向和时间窗口。

7.3.2　参数描述

星间高速数据传输任务信息如下：

1）n：接收通道数量；

2）i：接收通道编号；

3）Ts_i：各通道开放的起始时间；

4）Te_i：各通道开放的截止时间。

主星启动任务后发送至从星的信息如下：

1）$flag\_z$：星间高速数据传输任务启动标志，1代表启动，其他值代表未启动；

2）T_0：任务开始时刻，此时刻主星和从星都应做好传输准备，T_0小于等于任一Ts_i（$i=1, \cdots, n$）；

3）dt：任务持续时长，T_0+dt大于等于任一Te_i；

4）主星轨道信息；

5) 开放的一个或多个通道编号。

从星反馈信息如下：

1) flag _ c：准备好状态标志，1 代表准备好，其他值代表未准备好；

2) sat _ id：从星编号；

3) i：申请主星接收通道编号，该编号取主星开放的通道编号和从星自身可用通道编号的交集；

4) t _ ready：可传输窗口前沿，在此时刻通常为预测值，代表已做好姿态、天线指向和传输通道开机准备的时刻，具备立即发送条件；

5) t _ pass：传输时长，为保证各星传输互不影响，该时长代表从 t _ ready 开始到引导码和有效数据均传输完毕时刻的时间段；

6) t _ END：可传输窗口后沿，超出此时刻从星必须关闭发送通道。

其他参数如下：

1) T _ now：当前时刻；

2) t _ pre：余量；

3) flag _ p：调度结果有效标记（如 1 代表有效，其他值代表无效）。

7.3.3　求解步骤

本节提供了一种集中式星间数据传输任务的自主调度算法，该方法针对主星接收从星数据传输自主调度任务，面向多星星上数据集中处理需求，采用星间低速数据网络实时交互任务指控和反馈信息，在轨进行主星接收从星高速数据任务规划自主调度。

图 7-5 给出了一种集中式的星间数据传输任务自主调度算法流程，由地面管控、一颗主星和若干颗从星组成。其中，地面管控可发起多星数据传输任务。主星和从星之间包含低速和高速两类星间链路，即两条传输通道。其中星间低速数据链路通常为宽波束，用于传输任务及指控信息；星间高速数据链路通常为窄波束，用于传输处理后的大量载荷数据。

下面对该算法流程进行详细介绍。

1) 传输任务启动：主星启动星间高速数据接收任务，读取任务信息，启动星上自主任务调度模块。

星间高速数据传输任务可由遥控或程控启动，任务信息包含主星开放的接收通道数量 n 及编号 i、各通道开放的起始时间 Ts _ i 及截止时间 Te _ i 等。主星通常有多个接收通道，在一次任务中可全开放或部分开放；各通道受传输频率、开机准备时长、发射功率和存储容量等各类约束的影响，开放起止时间段可相同或各不相同。

2) 星间任务发起：主星发起协同任务，将任务信息写入数据包，经星间低速数据网络向从星发送。主星启动任务后，将信息发至从星。

3) 从星响应任务：从星接收到主星发送的任务启动消息后，若有数据传输需求，则启动星上数据处理并打包，计算与主星链路可见时段，估计星上处理及准备时间，根据数据量和传输速率估计传输时长，生成星间传输任务的反馈信息。

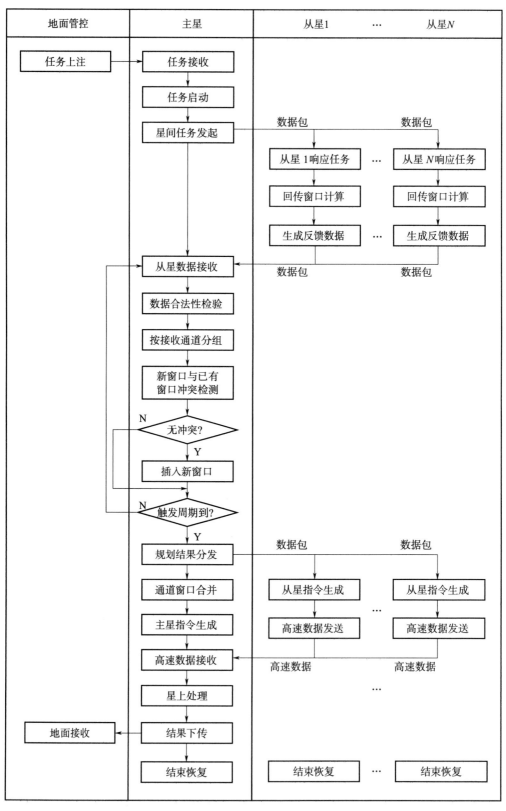

图 7 - 5　集中式的星间数据传输任务自主调度算法流程

4）从星任务反馈：从星将反馈信息写入数据包，经星间低速数据网络发送至主星。

5）主星任务规划：主星接收从星的反馈信息，按接收通道分组处理，对每个通道的从星窗口申请进行数据合法性检验，同时对新窗口与已有窗口进行冲突消解，生成一次规划调度结果，并循环往复。

上述步骤中，数据合法性检验包括剔除数据包异或和校验错误的从星窗口、剔除传输时长超限的从星窗口（$t\_pass > Te\_i - Ts\_i$）、剔除结束时间超限的从星窗口（$t\_ready + t\_pass > Te\_i$）。

一般高速数据接收任务需要尽可能早地完成从星数据的接收，从而尽快开始星上数据处理任务，避免逐一插入窗口对最终调度结果的不良影响。主星的任务规划处理在 $T_0 \sim T_0 + dt$ 时间内每隔一定时间处理一次（如 10 s），在该段时间内可对多个从星同时申请的窗口进行基于一定规则的调度寻优。

新窗口与已规划窗口进行冲突消解时，首先取出未规划的从星窗口和已规划的有效窗口，分别按照从星窗口前沿时刻 t_ready（临近窗口优先）、传输时长 t_pass（时长短优先，有利于接收星数尽可能多）进行排序，依次检测每个新窗口是否能在 $Ts\_i \sim Te\_i$ 时间内，在当前时刻 T_now 后，将新窗口尽可能早地插入主星接收时段内，并保持其和已规划从星窗口无重叠，同时相互留有一定余量 t_pre，用于状态准备或避免传输干扰。本节设计一颗主星两通道接收四颗从星数传数据。

规划调度结果包括调度结果有效标记 $flag\_p$、从星编号 sat_id、通道编号 i、从星开始传输时刻 t_start、从星结束传输时刻 t_end。

6）规划结果分发：主星将规划调度结果写入数据包，经星间低速数据网络发送至从星。

7）从星指令生成：从星解析主星发送来的任务数据包，生成相应通道开关及传输的延时指令链，插入从星指令队列，等待执行。

其中，$flag\_p$ 判断主星对从星窗口的分配是否有效，设定传输信道；信道工作时段由从星开始传输时刻 t_start 和结束传输时刻 t_end 设定。

8）主星指令生成：主星根据实时生成的各通道接收窗口占用情况进行窗口合并，以合并后的窗口生成通道接收开关的延时指令链，并插入主星指令队列，等待执行。

进行窗口合并有利于减少通道开关次数，减少星上能源消耗，窗口合并规则为相邻窗口距离小于需合并的阈值。

9）数据传输执行：主从星分别在延时指令触发时刻执行星间高速数据通道的天线指向、开机和关机等控制指令，执行数据收发。

10）传输任务结束：在任务结束时刻 T0 + dt，主星和从星执行状态恢复动作。状态恢复动作一般包括关闭接收通道单机、天线机构复位、姿态对日定向和存储数据清除等。

7.3.4　仿真结果

根据上述算法，进行多星协同星间数传规划仿真，仿真结果如下。

1）多星协同星间数传的任务区间为 2020.01.01 0:00:000～2020.01.01 01:00:000。

2）主星和从星之间有两条传输通道，即通道 1 和通道 2，通道 1 开启时刻 Ts_1 和结束时刻 Te_1 分别为 2020.01.01 0:10:000 和 2020.01.01 00:45:000，通道 2 开启时刻 Ts_2 和结束时刻 Te_2 分别为 2020.01.01 0:20:000 和 2020.01.01 01:55:000。

3）从星 1 的任务 1-1 窗口请求时刻为 2020.01.01 0:05:000，传输时长为 3 min，通过通道 1 进行数据传输；任务 1-2 窗口请求时刻为 2020.01.01 00:35:000，传输时长为 4 min，通过通道 2 进行数据传输。

4）从星 2 的任务 2-1 窗口请求时刻为 2020.01.01 0:23:000，传输时长为 4 min，通过通道 2 进行数据传输；任务 2-2 窗口请求时刻为 2020.01.01 0:40:000，传输时长为 2 min，通过通道 2 进行数据传输。

5）从星 3 的任务 3-1 窗口请求时刻为 2020.01.01 0:33:000，传输时长为 4 min，通过通道 1 进行数据传输。

6）从星 4 的任务 4-1 窗口请求时刻为 2020.01.01 0:12:000，传输时长为 8 min，通过通道 1 进行数据传输；任务 4-2 窗口请求时刻为 2020.01.01 00:26:000，传输时长为 2 min，通过通道 2 进行数据传输；任务 4-3 窗口请求时刻为 2020.01.01 0:40:000，传输时长为 8 min，通过通道 1 进行数据传输。

7）数传任务间的余量时间为 1 min。

数传任务仿真结果如图 7-6 所示。

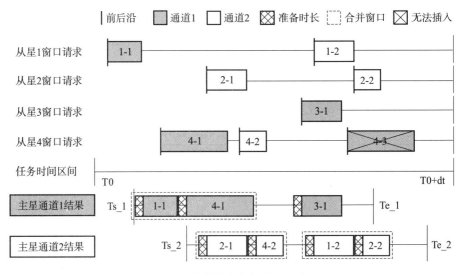

图 7-6　数传任务规划结果示意图

主星具有两个通道，通道 1 的开始和结束时刻分别为 Ts_1 和 Te_1，通道 2 的开始和结束时刻分别为 Ts_2 和 Te_2。从星 1、从星 2、从星 3、从星 4 的窗口请求开始时刻如图 7-6 所示。数传任务 1-1 需要通过主星通道 1 进行传输，但其窗口请求时刻在通道 1 的开始时刻之前，因此在通道 1 开启并过了余量时间后，数传任务 1-1 开启。数传任务 4-1 请求窗口开始后，通道 1 中的数传任务 1-1 尚未传输完毕，因此数传任务 4-1 延后，在数传任务 1 - 1 结束并过了余量时间后，数传任务 4 - 1 开启。数传任务 4 - 3 的最早结束时刻超过了通道 2 的结束时刻，因此数传任务 4 - 3 取消。

7.4　小结

多星数传任务规划是多星协同自主任务规划中的重要环节，是任务执行效率的基础保障。本章首先针对多星协同任务规划的特殊性对多星数传任务规划面临的问题进行了分析，给出了数传任务规划的技术背景概述，包括星站直连式、中继星回传式、多星协同式的传输方式，而后分析了数传任务规划的技术难点、一般方法，并给出了对应评价指标。在此基础上，提出规则启发式多星数传任务规划求解策略，其主要优点是采用星间低速数据网络实时交互任务指控和反馈信息，在轨进行主星接收从星高速数据任务规划自主调度，解决了地面任务调度面临的计划调度周期长、管控链条长、时效性欠佳等问题，提高了多星系统任务调度的时效性。同时，集中式调度由主星进行基于多约束的统筹规划，该算法简洁，星上计算复杂度低，运行高效，适用于实际工程应用。

参 考 文 献

［1］ MANCEL C，LOPEZ P. Complex optimization problems in space systems ［C］//13th International Conference on Automated Planning & Scheduling (ICAPS'03)，2003.

［2］ ARKALI G，DAWANDE M，SRISKANDARAJAH C. Scheduling support times for satellites with overlapping visibilities ［J］. Production and Operations Management，2008，17（2）：224 - 234.

［3］ HERTZ A，PLUMETTAZ M，ZUFFEREY N. Variable space search for graph coloring ［J］. Discrete Applied Mathematics，2008，156（13）：2551 - 2560.

［4］ 李云峰，武小悦. 基于综合优先度的卫星数传调度算法 ［J］. 系统工程学报，2007（6）：644 - 648.

［5］ 陈祥国. 卫星数传调度的蚁群优化模型及算法研究 ［D］. 长沙：国防科技大学，2010.

［6］ 李大卫，王莉，王梦光. 遗传算法与禁忌搜索算法的混合策略 ［J］. 系统工程学报，1998（3）：30 - 36.

［7］ 陈峰. 多星测控调度问题的遗传算法研究 ［D］. 长沙：国防科技大学，2010.

［8］ 向尚，陈盈果，李国梁，等. 卫星自主与协同任务调度规划综述 ［J］. 自动化学报，2019，45（2）：252 - 264.

［9］ 常飞，武小悦. 基于改进粒子群算法的卫星数传任务调度 ［J］. 系统工程与电子技术，2009，31（10）：2404 - 2408.

［10］ 常飞. 卫星地面站数传资源配置优化模型与算法研究 ［D］. 长沙：国防科技大学，2010.

［11］ 李兴泽. 多星任务统筹配置与数传规划方法研究 ［D］. 长沙：国防科技大学，2012.

［12］ 黄双临，马冬青，方冬梅，等. 基于改进蚁群算法的卫星数传调度 ［J］. 无线电工程，2015，45（7）：27 - 30，58.

［13］ 姜维，庞秀丽. 组网成像卫星协同任务规划方法 ［M］. 哈尔滨：哈尔滨工业大学出版社，2016.

第8章　基于强化学习的多星协同自主任务规划

卫星任务规划及调度问题已经被证明是 NP – hard 问题，其算法复杂度指数爆炸特征明显，求解难度大。同时，在日益复杂的协同任务需求背景下，多星协同自主任务规划问题逐渐演变为多约束多目标的组合优化问题，解决传统卫星任务规划问题的方法如贪婪算法和遗传算法等启发式搜索算法已越来越难以满足卫星任务规划的调度需求。近年来，随着强化学习在组合优化和自主决策等领域的成功应用，多星协同自主任务规划有了新的解决思路和方法。本章对多星协同任务规划的强化学习方法进行了深入分析，给出了使用强化学习对卫星任务规划模型进行求解的具体实施方法，并对一系列典型场景进行了仿真验证，证明了强化学习方法在解决多星协同任务规划问题上的可行性与优越性。

8.1　基于强化学习的卫星任务规划方法现状

8.1.1　强化学习的基本概念

人工智能（artificial intelligence，AI）领域的一个主要研究目标是实现完全自主的智能体，这一智能体能够与其所处的环境进行交互，根据环境的反馈学习最佳行为，并通过反复实验不断改进行动策略。机器学习（machine learning，ML）是人工智能的一个有效方法，其基本做法是使用算法解析数据并从中学习，并对真实世界中的事件做出决策和预测。

在机器学习中，比较常见的有监督式学习和无监督式学习，此外还有一个大类就是强化学习（reinforcement learning，RL），如图 8 – 1 所示。

图 8 – 1　机器学习的分类

（1）强化学习和监督式学习的区别

监督式学习是指在学习时，有一个"导师"在旁边指点，指出什么是对的什么是错的，根据带标签的示例得到学习模型。但在很多实际问题中，示例可能有成千上万种组合方式，不可能有一个"导师"知道所有可能的结果。

两种学习方式都会学习从输入到输出的一个映射，监督式学习得到的是输入/输出之间的关系，可以告诉算法什么样的输入对应着什么样的输出；而强化学习可通过与环境的交互获得奖励（reward）函数，用来判断该行为的好坏。另外，强化学习的结果反馈有延时，有时可能需要走了很多步以后才知道以前的某一步的选择是好还是坏；而监督式学习做了比较坏的选择后会立刻反馈给算法。强化学习面对的输入总是在变化，每当算法做出一个行为，都会影响下一次决策的输入；而监督式学习的输入是独立同分布的。

（2）强化学习和非监督式学习的区别

非监督式学习得到的是输入/输出之间的模式，而不是两者之间的映射。例如，在向用户推荐新闻文章的任务中，非监督式学习会找到用户先前已经阅读过的类似文章并将其推荐给用户；而强化学习会先向用户推荐少量的新闻，并不断获得来自用户的反馈，最后构建用户可能会喜欢的文章的"知识图"。

强化学习会在没有任何标签的情况下尝试做出一些行为，得到一个结果，通过该结果的反馈调整之前的行为，在不断调整过程中，算法就能够学习到在什么样的情况下选择什么样的行为可以得到最好的结果。通过强化学习，一个智能体（agent）可以在探索和开发（exploration and exploitation）之间进行权衡，并且选择一个回报最大的行为。探索过程会尝试很多不同的事情，观察它们是否比以前的尝试做得更好。

在强化学习中，智能体处于一个特定的环境（environment）中，通过观察、感知可以得到环境的状态（state）信息。智能体在环境中执行某个动作（action），会得到环境的反馈（reward）（奖赏或惩罚），同时智能体所处环境会进入新的状态。强化学习算法利用得到的反馈修改自身的动作策略，通过不断探索及与环境的不断交互，智能体最终可以找到得到最大奖赏的策略，学到完成相应任务的最优动作（最优策略）。强化学习的简要流程如图 8-2 所示。

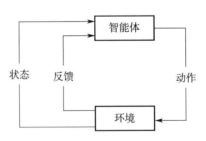

图 8-2　强化学习的简要流程

从强化学习的基本原理可以看到强化学习与其他机器学习算法（如监督学习和非监督学习）的一些基本差别。在监督式学习和非监督式学习中，数据是静态的，不需要与环境进行交互，如图像识别，只要给定足够的差异样本，将数据输入深度网络中进行训练即可。然而，强化学习的学习过程是动态的、不断交互的过程，所需要的数据也是通过与环境不断地交互产生的。所以，与监督式学习和非监督式学习相比，强化学习涉及的对象更多，如动作、环境、状态转移概率和回报函数等。强化学习与其他机器学习算法的另一个显著区别在于强化学习中的数据是由智能体和环境不断交互产生的，与监督式学习不同，无须预先给出训练数据，因此也无须进行烦琐的数据标注。强化学习中的奖赏也有可能是稀疏的，如在围棋对弈中，只有最后取得了比赛的胜利才会得到比较大的奖赏；而在射击类游戏中，每"杀"一个敌人就可以得到即时奖励。强化学习算法寻找到的是可以使累计奖励最大的策略，因此该算法具有一定的大局观。同样，在卫星规划任务中，通过对卫星进行不同的规划动作，可以设置不同的奖励机制，通过强化学习，智能体最终可以学习到卫星任务规划的最优策略。

近年来，随着与深度神经网络（deep neural networks，DNN）的结合，强化学习得到进一步的发展。神经网络具有较强的感知能力，但缺乏决策规划能力；而强化学习虽然具有决策能力，但难以对复杂环境的信息进行直接感知。深度强化学习（deep reinforcement learning，DRL）结合了这两种方法的优点，一方面，深度神经网络具有对策略和状态的强大表征能力，能够用于模拟复杂的环境状态映射过程；另一方面，强化学习使智能体能够自主地与环境进行交互，在试错中不断进步。DRL 作为人工智能研究领域的重要分支，被认为是实现通用人工智能的关键，受到学术和产业界的广泛关注。

8.1.2　基于强化学习的任务规划模型发展前沿与展望

近年来，使用人工智能方法对多星任务规划的研究正逐渐成为领域热点。Wang 等[1]基于实时速度的思想，对卫星调度动态随机背包问题（dynamic and stochastic knapsack problem，DSKP）模型进行了重构，提出了一种新型调度网络，并训练该网络对观测任务进行调度，目标是使总预期收益最大化。训练好的调度网络能够以即时响应的方式进行任务调度，而无须进一步设置。作者从 AlphaGo 和动态控制中的 DRL 方面的最新成就中汲取灵感，提出了一种基于 DRL 的新颖方法，用于神经网络的训练。Li 等[2]提出了一种基于多智能体深度强化学习（multi‐agent deep reinforcement learning，MADRL）的方法解决多星协同观测的实时调度问题。该方法使卫星间能够共享决策策略，但无须共享它们所做的决策数据或它们当前内部状态的数据。卫星可以根据共享策略推断其他卫星的决策，以决定当其收到新的观测请求时是否接收任务。使用这种方式，可以大大减少通信开销，提高响应时间。该架构的核心是一个多代理深度确定的策略梯度网络。仿真结果表明，该方法是稳定且有效的。与合同网协议方法相比，该算法可以减少通信开销，实现对卫星资源的更好利用。Zhao 等[3]针对 AEOS 调度问题提出了一种基于强化学习的两阶段神经网络组合优化方法。首先，其提出了一种基于强化学习的神经网络组合优化方法，选择一组可能的采样序列。其次，在选定的采样序列下提出了一种基于深度确定性策略梯度的强化学习算法，在时间限制下选择每个采样的开始时间。实验结果表明，该方法对于 AEOS 调度问题求解是可行的。

受循环神经网络（recurrent neural network，RNN）和注意力机制的启发，Chen 等[4]将敏捷对地观测卫星调度问题从固定场景中抽象出来，提出了一个基于 DRL 的端到端框架。该模型将神经网络视为一种复杂的启发式方法，通过观察奖励信号并遵循可行的规则构建决策模型。经过训练的模型可以直接获得调度序列，而不需要重新训练每个新的问题实例。与一般的启发式规则相比，这种方法更加有效且鲁棒性更强。针对地球光学遥感卫星，Hadj‑Salah 等[5]提出了一种基于 DRL 的采集调度方法，并在一个简化的环境中进行实验。分析结果表明，相比于传统启发式算法，该算法具有更好的效果。Hu 等[6]重点讨论了如何有效地安排有限的卫星无线电资源，以提高资源利用效率。该文献建立了一个基于博弈论的模型，用于前向链路的带宽分配。随着卫星波束大小的增加，基于单个代理的 DRL 的行动空间迅速增加，这将导致较高的时间复杂度。该文献提出一种多代理 DRL 方法来实现最优的带宽分配策略。实验结果表明，这种方法能够提高资源利用效率，并且相对于传统方法具有更低的算法复杂度。

综上所述，未来基于强化学习的多星协同自主调度方法拥有广阔的发展前景[7,8]，主要体现以下几个方面。

1）实际太空环境复杂多变，对智能体所处的环境进行精确建模并讨论环境与智能体间的相互作用，建立完整可靠的"环境‑多智能体"动力学模型已经成为研究的一个方向。

2）当前多智能体卫星任务规划问题有调度时效性弱、灵活性低、算法复杂度高等特点，难以在卫星上运行，大多数停留在算法仿真阶段。如何设计高效低复杂度的可实际运行于卫星上的实时动态规划算法成为未来研究的一个热点。

3）目前强化学习算法日新月异，采用不同的算法模型会得到不同的运行准确度，可以对通用性更好的算法作出进一步的研究，以获得更好的求解效率。

8.2　单星强化学习任务规划实施方法

8.2.1　星地一体化卫星任务规划

卫星的任务目标众多，用户需求多样，同时卫星受到自身的轨道机动能力等限制，增大了卫星任务规划问题的求解难度。非地球同步卫星不能对目标进行持续的信息采集，卫星与观测目标的可见时间窗、卫星的姿态机动能力等约束会引起不同任务间的执行冲突。这说明卫星的任务规划不仅要给出合理的卫星任务计划，同时要满足各种约束条件。

本章卫星任务规划问题主要涉及三个方面的要素：数据、任务目标和规划模型。数据有两方面内容，一是用于搭建任务规划模型的卫星设计参数；二是输入的目标分布，它作为"环境"与智能体相互作用，也驱动模型的自完善。任务目标是本次任务规划需要达到的目标，可能是覆盖最多目标，也可能是能量消耗最少，目标随着用户的要求而改变[9]。在本书中，任务规划模型是一个整合了卫星能力、空间关系的智能体，对其以指定格式输入点目标分布，模型将自主求解出任务的执行序列。在强化学习过程中，智能体先将数据存储到一个数据库中，再利用均匀随机采样方法从数据库中抽取数据，然后利用抽取的数据训练神经网络，提高神经网络在任务规划中的表现，实现数据驱动的模型自完善[10]。

考虑模型完善和学习需要巨大的计算量，智能体训练的任务难以由星载计算机完成，故采用星地一体化建模—标定—训练—上注的方法，使强化学习得到的模型在今后的星上自主任务规划中发挥作用。

星地一体化模型训练架构规划为建模、标定、完善三个步骤，分别采用典型目标分布和实际目标分布，对在轨后下传目标分布数据进行训练，使模型符合卫星运行的真实场景，并训练出符合实际情况的目标分布与任务规划策略[11]。该架构如图 8-3 所示。

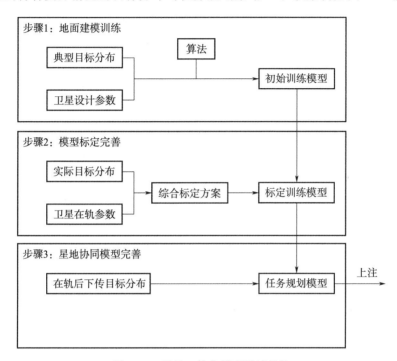

图 8-3　星地一体化模型训练架构

步骤 1：地面建模训练的输入为仿真、实验或者预定的在轨任务及典型的观测目标分布。

步骤 2：入轨后根据实际在轨情况进行卫星、载荷等模型标定；采集在轨实际执行任务、实际目标分布特性，更新目标训练模型库。

步骤 3：根据标定后的模型，结合更新后的目标训练模型库，选择更接近真实情况的目标分布，进行地面训练，最后将训练后的模型结果上注。

8.2.2　基于 DQN 的单星任务规划算法

DQN（deep Q-learning，深度 Q-学习）算法[12]使得机器在 Atari 游戏中取得了超过人类水平的性能。DQN 算法对传统的 Q-learning 算法进行了升级和改造。传统的 Q-learning 算法是一种异步异策略时间差分方法，其伪代码如下：

序号	伪代码
1	初始化 $Q(s,a)$，$\forall s \in S, a \in A(s)$，给定参数 α、γ
2	Repeat：
3	给定起始状态 s，并根据 ε 贪婪策略在状态 s 选择动作 a
4	Repeat(对于每一幕的每一步)
5	(a)根据贪婪状态 ε 在状态 S_t 选择动作 a_t，得到回报 r_t 和下一个状态 S_{t+1}
6	(b) $Q(S_t,a_t) \leftarrow Q(S_t,a_t) + \alpha[r_t + \gamma \max Q(s_{t+1},a) - Q(s_t,a_t)]$
7	(c) $s = s'$，$a = a'$
8	Until s 是最终状态
9	Until 所有的 $Q(S,a)$ 收敛
10	输出最终策略：$\pi(s) = \mathrm{argmax}\ Q(s,a)$

异步策略是指行动策略（产生数据的策略）和要评估的策略不是一个策略。在 Q - learning 伪代码中，行动策略（产生数据的策略）是 epsilon - greedy 方法，而要评估和改进的策略是贪婪策略（每个状态取值函数最大的那个动作），时间差分方法是指利用时间差分目标更新当前行为值函数。

DQN 算法中，在对强化学习训练的应用场景进行分析之后可以将任务规划问题的各场景转换为马尔可夫决策过程，进而建立与算法相应的马尔可夫决策模型，具体如下：

State：卫星和任务当前的状态变量。

Action：采取的动作（左/右侧摆）。

Reward：每一次动作后获得的即时奖赏。

Step 函数返回在当前状态 S 下执行动作 A 得到的新状态 S'，环境反馈的即时奖励 R，回合训练结束后会有是否结束回合的判断。

将卫星自主任务规划过程转换为强化学习的应用场景，状态 S 包含卫星、地面站、目标、环境等状态参数信息，动作 A 包含卫星对目标成像、卫星对地面站下传、姿态机动等动作，奖励 R 包含成像目标数量、重要度累加、下传完成率等。

DQN 对 Q - learning 的改进主要体现在以下三个方面[13,14]。

（1）DQN 利用卷积神经网络逼近行为值函数

传统强化学习中，值函数的逼近采用线性函数方法，即值函数由一组基函数和一组与之对应的参数相乘得到。值函数是参数的线性函数。这里值函数利用神经网络进行非线性逼近，而神经网络的各权重系数就是需要训练优化的参数。

（2）DQN 利用经验回放对强化学习过程进行训练

人在睡觉时，海马体会把一天的记忆重放给大脑皮层。利用该启发机制，DeepMind团队的研究人员构造了一种神经网络经验回放（experience replay）训练方法。

在对神经网络进行训练时，存在的假设是独立同分布，因此数据之间存在着关联性。

在强化学习模型训练过程中，智能体将数据存储到一个数据库中，再利用均匀随机采样方法从数据库中抽取数据，然后利用抽取的数据训练神经网络。这种经验回放的技巧可以打破数据之间的关联性，该技巧已经在 2013 年的 NIPS 发布，2015 年的 nature 论文则进一步提出了目标网络的概念，进一步降低了数据间的关联性。

（3）DQN 设置了目标网络，用于单独处理时间差分算法中的 TD 偏差

与表格型的 Q – learning 算法不同，利用神经网络对值函数进行逼近时，值函数更新的是参数 θ，更新方法是梯度下降法。值函数更新实际上变成了监督学习的一次更新过程，其梯度下降法为

$$\theta_{t+1} = \theta_t + \alpha[r + \gamma \max Q(s', a'; \theta) - Q(s, a; \theta)] \nabla Q(s, a; \theta) \qquad (8-1)$$

DQN 算法的伪代码[15]如下：

序号	伪代码
1	Initialize replay memory D to capacity N
2	Initialize action – value function Q with random weights
3	for episode = 1; M do
4	Initialise sequence s1 = {x1} and preprocessed sequenced φ1 = φ(s1)
5	for t = 1; T do
6	With probability ε select a random action at
7	otherwise select at = maxa Q * (φ(st); a; θ)
8	Execute action at in emulator and observe reward rt and image xt+1
9	Set st+1 = st; at; xt+1 and preprocess φt+1 = φ(st+1)
10	Store transition (φt; at; rt; φt+1) in D
11	Sample random minibatch of transitions (φj; aj; rj; φj+1) from D
12	Set yj = rj　　　　for terminal for terminal φj+1
13	Set yj = rjj + γ max a0 Q(φj+1; a0; θ) for non – terminal φj+1
14	Perform a gradient descent step on (yj − Q(φj; aj; θ))2
15	end for
16	end for

下面我们对 DQN 的伪代码逐行说明。

第 1 行：初始化回放记忆 D，可容纳的数据条数为 N。

第 2 行：利用随机权值 θ 初始化动作-行为值函数 Q，计算 TD 目标的动作行为值 Q。

第 3 行：循环每次事件。

第 4 行：初始化事件的第一个状态 s1，通过预处理得到状态对应的特征输入。

第 5 行：循环每个事件的每一步。

第 6 行：利用概率 ε 选择一个随机动作 at。

第 7 行：若小概率事件没有发生，则用贪婪策略选择当前值函数最大的那个动作。

注意：这里选择最大动作时用到的值函数网络与逼近值函数所用的网络是一个网络，都对应 θ。第 7 行和第 8 行是行动策略，即策略。

第 8 行：在仿真器中执行动作 at，观测回报 rt 及图像 xt+1，预处理。

第 9 行：更新 st、xt、φt。

第 10 行：将转换存储在回放记忆 D 中。

第 11 行：从回放记忆 D 中均匀随机采样一个转换样本数据。

第 12 行：判断是否是一个事件的终止状态，若是则 TD 目标为 rj，否则利用 TD 目标网络 θ 计算 TD 目标。

第 13 行：更新动作值函数逼近的网络参数。

第 14 行：执行一次梯度下降算法。

第 15 行：结束每次事件内循环。

第 16 行：结束事件间循环。

我们可以看到，第 10 行利用了经验回放；第 11 行利用了独立的目标网络 θ；第 13 行更新动作值函数逼近的网络参数；第 15 行更新目标网络参数。

8.2.3　单星任务规划具体实施方法

将卫星对地视场（观测类）、轨道、成像视场、目标点经可见性计算后投射到新的坐标系下，横轴为横向指向角度，纵轴为时间，初始时刻载荷视场位于坐标原点，载荷视场宽度仅可对一个目标覆盖。模型要素如表 8-1 所示。

表 8-1　模型要素

项目	描述
状态 S	1)目标状态：t 时刻，视场内共 n(t)个目标，以二维坐标的时间函数描述,目标 i(sita_target_i、T_target_i(k)),其中 sita_target_i 不随时间变化,T_target_i(k)与时间相关; 2)目标权重(得分):1、2、3 等级; 3)卫星状态：载荷视场处于(Di,0),将姿态指向离散化有限状态可调,将搜索发现的角度范围划分为等间距 N 个区间 D1、D2、…、DN,N 应可调,初始训练可从 4 开始,逐渐细分
动作 A	卫星调整载荷视场,下一时刻进入 Da,Da∈D1、D2、…、DN
奖励 R	· 载荷视场格子覆盖了目标前后 T_valid 以上得分,一般可设置为 >1 s,也就是说,Target_i 的 sita_target_i,在 T_target_i=T_valid 到 T_target_i=-T_valid 一直处于 Dk 中,姿态一直没动。 · 等级 3:100 分 · 等级 2:20 分 · 等级 1:10 分

续表

项目	描述
状态更新 Step	· 载荷视场更新：D(k+1)=Da。 · 目标状态更新：对目标进行如下操作，sita_target_i 保持不变。 · 计算跳格子时间 dt_jump=|Da−Dk| * 90/N/w+dt_att，90 为横轴角度宽度，N 为区块数，w 为姿态角速率(2°/s)，dt_att 为姿态稳定时间(10 s)。 · 时间向前推进，点下落，当执行了机动动作时 D(k+1)不等于 D(k)，T_target_i(k+1) = T_target_i(k) − dt_jump；未执行机动动作时，D(k+1)=D(k)，T_target_i(k+1) = T_target_i(k) −1。 · 载荷集合更新：目标超出后边界，T_target_i(k+1)<=0 s 删除，新目标进入视场，T_target_i(k+1)<=Tmax 增加，Tmax 可调，初始可设置 60 s
结束条件	仿真时间结束

表 8-1 中对应的过程描述如下：

1) 设置卫星轨道参数、机动参数、载荷类型、载荷视场；

2) 随机生成点目标，采集点目标位置属性，为点目标设置重要性等级，信息采集任务时间约束，最早/最晚执行时间差可进行调节；

3) 生成卫星对点目标的可见时间窗、姿态报表；

4) 将上述信息映射到仿真环境，在仿真环境下进行基于强化学习的任务规划训练；

5) 生成 T0 时刻视场内点分布、卫星状态 S0 和初始载荷视场 D0，开始训练；

6) 模型执行动作 A，根据收益反馈修整后续动作，反复进行；

7) 达到训练时间时长，停止训练。

由于点目标的位置关系相对固定，首先定义所有点目标下降一格为 0.1 s，因此整个待观测视场的长度为 5400 单位（4800 点目标分布视场和 600 空白的初始视场）状态空间 State：State 为每一步动作之后 AI 得到的状态，在本次任务中为卫星引导视场下可覆盖的 600 格范围内的点目标分布（点目标具备三个维度的特征：x 方向坐标、y 方向坐标、目标价值），以及该时刻卫星的位置 Sat_x。

Step：将 5400 格的长条带规划为 300 个 step，每个 step 输入一个动作（左右移动），规则是每次移动后，会有 20 s 的关闭时间，关闭时间不得分也不响应输入的移动指令，输出的是下一个时刻的 State、reward 和是否关闭的指令符。

Reward：一级目标 100 分，二级 20 分，三级 10 分，每一局的游戏结束后，输出一个 reward。

需要说明的是，综合考虑任务规划问题的各工况后，认为一维机动的单星多目标任务规划场景和多星多载荷自主任务规划场景是两个状态空间较为明确、动作空间较为接近算法要求的场景。

首先对单星多目标任务规划场景进行面向仿真环境的转换。如图 8-4 所示，单个对地成像卫星在轨运行，不同颜色（分别代表重要目标、次级目标、普通目标）的散点即为潜在的点目标分布，圆锥形的视场是卫星的发现载荷视场，卫星对地的灰色窄条为可见光相机的视场。但发现目标不等于有效成像，只有将进入发现视场的目标进行自主任务规划和引导成像，使散点被纳入可见光相机对地机动成像的任务安排并成功覆盖后，才代表成像成功。其中，近场指 T0 开始 10 min 内。

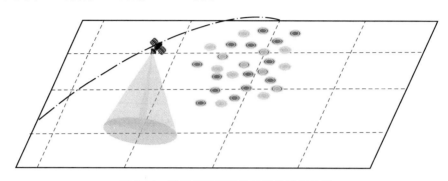

图 8-4　近场实时引导单星任务规划场景

卫星携带的发现载荷可实时引导星上摆镜或姿态机动指向目标推扫成像（一维机动），将卫星轨道、地球自转、目标分布等时空参数转换为卫星对目标可见性结果（过顶时间和载荷指向），并可在二维坐标中描述。该场景任务规划模型随之转换为卫星沿纵轴运动，横轴表示卫星的指向角度，纵轴表示时间，圆点表示任务点，以不同灰度标识目标，以面积标识任务权重，调整视场捕获目标，使动态总收益最大，如图 8-5 所示。采用对单次任务三级目标成像成功的总分作为评分方式，一级 100 分、二级 20 分、三级 10 分。

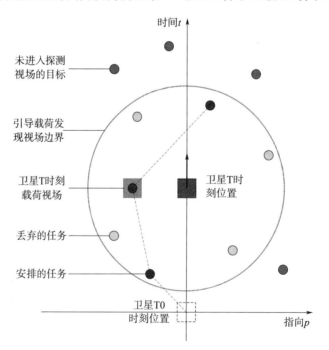

图 8-5　二维映射后的近场实时引导单星任务规划场景

8.3　多星协同强化学习任务规划实施方法

8.3.1　多智能体协同强化学习方法

多星协同任务规划能够充分发挥多个卫星的协同任务执行优势，不仅能够使多类型任务与多性能卫星之间保持良好的协调性，也能在遭遇突发紧急任务时，快速进行任务再规划，充分利用卫星资源，最大化任务执行效率[16]。多星协同任务规划是一个复杂的多约束、多目标优化问题，通过优化算法为多个卫星解算出协同的任务计划，使多星协同任务执行的整体效能优于各个卫星单独执行任务效能的总和。

在对多星协同任务规划问题的研究中，已经涌现了多种基于经典问题的任务分配模型，这些模型将特定需求下的多星协同任务规划的复杂问题转换或分解成一个或几个基本问题，再利用与基本问题相关的成熟理论和方法求解。任务分配模型主要包括多旅行商问题模型、车辆路由问题模型、混合整数线性规划模型等[17]。将研究的问题抽象为经典问题的理论模型为问题求解提供了基本的模型框架，但多星协同任务规划问题具有更高的复杂性，有更多的准则需要考虑，如时间窗约束、优先级约束和卫星能力约束等，这些特殊要求可以以约束条件的形式添加到模型中。

多星协同任务规划问题在本质上属于多智能体协同工作范畴，目前已出现了一些尝试性的研究工作将强化学习应用于多智能体协同问题，有些甚至取得了不错的效果。多智能体强化学习（multi-agent reinforcement learning，MARL）算法大致包含四个分类：基于行为分析的多智能体强化学习、基于通信学习的多智能体强化学习、基于协作学习的多智能体强化学习和基于智能体建模的强化学习[18,19]。

（1）基于行为分析的多智能体强化学习

基于行为分析的多智能体强化学习算法主要是将单智能体强化学习（single agent reinforcement learning，SARL）算法直接应用到多智能体环境中，每个智能体之间相互独立，遵循 independent Q-learning（IQL）算法思路。在这种算法思想下，每个智能体拥有独立的 Q-network，独自采集数据并进行训练，都有对环境的全局观察。各个智能体之间的协作方式可以有完全协作、完全竞争及非完全协作或竞争[20]。

通过训练得到强化学习模型，将基于行为分析的多智能体强化学习应用到接球游戏中，通过仿真得到如下结果：在完全协作方式中，智能体学到的策略是尽可能长时间地不失球；而在完全竞争方式中，智能体学到的是如何更好地得分（让对方失球）。从该结果可以看出，将 DQN 直接应用到多智能体环境中也能够达到一个比较好的性能。

（2）基于通信学习的多智能体强化学习

属于这一类别的多智能体强化学习方法假设智能体之间存在信息交互，并在训练过程中学习如何根据自身的局部观察生成信息，或者确定是否需要通信、与哪些智能体通信等。程序在训练完后的运行过程中，需要依据其余智能体传递的信息进行决策。

在多智能体强化学习中引入通信学习，其中一种算法思路是所有智能体共享一个全局的回报函数，是一个完全协作环境，每个智能体只拥有自己的局部观察。假设通信信道是离散的，即智能体之间只能传递离散的信息。采用去中心化训练框架，在训练时不对智能体之间的信息传递进行限制（由于是中心化的训练器，因此智能体之间的信息传递完全由该训练器接管），甚至在训练时可以使用连续的信息；但是，训练完之后运行时，智能体之间才进行真正的通信，并且该通信信道是离散的（如果训练时是连续的，则在运行时要对信息进行离散化）。

由于该方法限定通信信道是离散的，因此算法将生成的信息也作为一个离散的动作空间来考虑，并设定信息的维度为 $|M|$，原始动作空间的维度为 $|U|$。算法将 DRQN（deep recurrent Q-learning network，深度循环 Q-学习网络）算法与 IQL 算法结合，并在智能体之间传输可学习的信息，以增加智能体对于环境的感知，从而解决 IQL 面临的由于环境非平稳带来的性能上的问题。但如果只使用一个 Q-network，那么总的动作空间的维度就是 $|U||M|$。为了解决这一问题，算法使用了两个 Q-network，分别输出原始动作及离散信息。另外，算法中 Q-network 的输入不仅是局部观察，还包括上一时间段其余智能体传递过来的信息[21]。

需要注意的是，在多智能体环境中，采用经验回放反而会导致算法性能变差。这是因为之前收集的样本与现在收集的样本，由于智能体策略更新的原因，两者实际上是从不同的环境中收集而来的，这使得这些样本会阻碍算法的正常训练。另外，为了提高算法的可扩展性并充分利用中心化学习的优势，算法可以更改为每个智能体共享同一套模型参数。为了进一步对在任务中扮演不同角色的智能体进行分辨，在 Q-network 的输入中还可以额外加入智能体的索引号。

（3）基于协作学习的多智能体强化学习

此类工作不是学习智能体之间的通信，而是将多智能体强化学习领域的一些思想引入 MARL 中。这类方案又可以分为以下三个类别：基于值函数的方法、基于演员-评论家的方法和基于经验回放缓存的方法[22]。

基于值函数的方法可以说是多智能体强化学习算法最开始的尝试（如 IQL 算法）。虽然前面也提到将 IQL 算法与 DQN 算法结合能够在多智能体问题上取得比较好的效果，但是对于较为复杂的环境，IQL 还是无法很好地处理由于环境非平稳带来的问题。中心化的方法即将所有智能体的状态空间及动作空间合并，当作一个智能体来考虑的方法。虽然中心化的方法能够较好地处理环境非平稳性问题，但是也存在以下缺陷：在大规模多智能体环境中算法可扩展性较差——由于所有智能体联合训练，一旦某个智能体较早学到一些有用的策略，则其余智能体会选择较为懒惰的策略。这是因为其余智能体由于进度较慢，做出的策略会阻碍已经学到一些策略的智能体，因此使得全局回报下降。

基于演员-评论家的方法，假定每一个智能体拥有自己独立的评论家网络及演员网络，并且假定每个智能体拥有自己独立的回报函数，这样 MADDPG（multi-agent deep deterministic policy grandient，多智能体深度决策梯度策略）算法（8.3.2 节中将详细介绍）就可以同时解决协作环境、竞争环境及混合环境下的多智能体问题[23]。但是，MADDPG 算法假定每个智能体在训练时都能够获取其余所有智能体的局部观察及动作，即使每个智能体的 critic 网络是独立的，训练时也需要进行中心化训练，因而遵循 CTDE（centralized training decentralized execution，中心化训练去中心化执行）框架。对于基于演员-评论家方法，由于其结构的特殊性，因此可以通过中心化学习（共享/独立），在很好地处理算法可扩展性问题的同时，拥有一定的抗环境非平稳能力。

基于经验回放缓存的方法主要聚焦于在使用历史经验训练值函数时增加稳定性，这种方法遵循 CTDE 框架，并且类似于 MADDPG 方法，均假设每个智能体拥有自己独立的值函数。

（4）基于智能体建模的强化学习

这一类方法主要聚焦于通过对其他智能体的策略、目标、类别等建模来进行更好的协作或者更快地打败竞争对手。该类思想下的一种算法通过贝叶斯估计来估计其他智能体的策略。但是，这种方法会增加 Q 函数的输入维度，使得 Q 函数更难学习。该方法将行为及脑科学领域理论引入多智能体强化学习中，以根据其他智能体历史行为数据预测其未来行为等（这里只关注行为）。该理论认为，预测一个智能体的未来行为，需要知道其性格（character）、思想（mental）及当前状态[8]。对于智能体各自的性格表示，可以通过以下方法编码：对于某个智能体过去的轨迹数据，使用一个神经网络编码每一条轨迹，最后将这些编码加起来即可。

不同的智能体在不同时刻，其思想会根据已经历过的事件及性格的不同而不同，因而可以通过生物信息的方法得到智能体当前思想的编码。最后，在当前状态结合智能体的性格及当前思想能够预测智能体行为。

8.3.2　基于 MADDPG 的多星协同任务规划算法

在 MADDPG 算法中，多智能体的环境状态是由多个智能体的行为共同决定的，本身具有不稳定性（non-stationarity），Q-learning 算法很难训练，梯度下降的方差会随着智能体数目的增加变得更大。MADDPG 算法是"基于演员-评论家多智能体强化学习"方法的变体，对每个智能体的强化学习都考虑其他智能体的动作策略，进行中心化训练和非中心化执行。作为基于一种策略集成的训练方法，MADDPG 算法可以取得更稳健的多智能体协同任务执行效果，如图 8-6 所示。

传统强化学习方法很难用在多智能体环境上，其中一个主要原因是每个智能体的策略在训练过程中都是不断变化的，这导致对每个智能体个体来说，环境都是不稳定的。从某种程度上来说，一个智能体根据这种不稳定的环境状态来优化策略是毫无意义的，当前状态的优化策略在下一个变化的环境状态中可能又无效了。这就导致不能直接使用经验回放方法进行训练，这也是 Q-learning 失效的原因。对于梯度下降方法来说，随着智能体数量增加，环境复杂度也将增加，这就导致通过采样估计梯度的优化方式，其方差急剧增加。

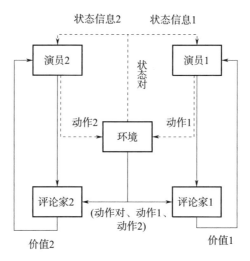

图 8 - 6   MADDPG 算法

MADDPG算法采用中心化的训练和非中心化的执行，即在训练时，引入可以观察全局的评论家指导演员训练，而测试时只使用有局部观测的演员采取行动。该算法的思想基础是DDPG：各智能体之间没有交互，不知道队友或者对手会采取什么策略，只能根据自己的情况选择动作。但是，实际环境中存在多个智能体，环境状态的改变是多智能体全部动作的结果，对单一智能体来说，因为缺乏其他智能体的动作信息，造成"动作→状态改变"的错误认识，所以不能取得好的协作结果。

以两个智能体的协作为例说明MADDPG算法的具体过程。

在训练过程中，评论家1和评论家2可以获得环境的全部信息状态，同时还能获得两个智能体采取的策略动作a1、a2，组成状态/动作对（S_{all}，a1，a2）作为每个智能体训练模型的输入，输出状态/动作对的价值v，以评估当前动作的好坏，并帮助智能体改进策略。当模型训练好后，只需要两个智能体与环境进行交互，即图中虚线的循环。这里区别于单个智能体的情况，每个智能体的输入状态是不一样的。环境输出下一个全信息状态S_{all}后，每个智能体只能获取自己能够观测到的部分状态信息S1、S2。每个智能体虽然不能看到全部信息，也不知道其他每个智能体的策略，但是经过训练后的每个智能体有一个"上帝视角"的导师，这个导师可以观测到所有信息，并指导对应的每个智能体优化策略。

通俗地说，MADDPG算法就是在一个需要多个智能体协作完成多项任务的情景中，首先在训练阶段采用中心化的训练方法，即每个智能体根据全部的环境状态信息选择一个动作，得到改变了的全部环境状态信息，并且也可以知道对环境状态改变造成影响的其他智能体动作，根据改变后的环境状态进行评估，智能体根据评估结果判断自己采取动作的好坏。这一训练过程不仅让各智能体学习到在什么环境状态下采取何种动作得到好的收益，而且也学习到相互协作的其他智能体的"习性"，即在某种环境状态下，其他智能体知道如何动作会取得最优的协作结果。

在实际使用阶段，MADDPG 算法采用去中心化方法，即各智能体只能知道局部的环境状态信息及状态改变，不能知道协作体中其他智能体处在何种局部环境中、会采取何种动作。但是，经历了中心化的训练过程后，各智能体之间对彼此的能力、习性有了充分的了解，在实际测试环境下，基于对彼此的认识和信任，基于 MADDPG 算法的多智能体协作能够取得很好的协同作业效果。

MADDPG 算法很符合人类个体协作的过程；在平时训练时经历各种模拟场景，彼此基于环境信息采取解决措施；在环境状态改变后，态势评估会评判各个体的动作效用。在反复演练过程中，个体之间对彼此的能力、脾性有了充分了解；最后在真实事件发生时，个体之间基于历史配合模式各自做出动作选择，取得最好的协作结果。

将 MADDPG 算法应用于多星协同任务规划问题中同样具备很好的可行性。虽然 MADDPG 算法采用的中心化训练方法在大规模多智能体环境中的可扩展性较差，但是在太空中运行的卫星数目有限，能够协同作业的卫星数量较少，远称不上"大规模"问题；另外，该算法中的每一个智能体拥有自己独立的 critic network 及 actor network，每个智能体拥有自己独立的回报函数，这样算法可以同时解决协作环境、竞争环境及混合环境下的多智能体问题，并且拥有一定的对抗环境非平稳能力。

8.3.3　多星协同任务规划具体实施方法

将强化学习应用于多星协同任务规划，强化学习四要素（状态、动作、策略、奖励）在多卫星任务规划问题上的对应如下：状态包含卫星对任务目标的可见情况、自身的存储、能量、姿态、载荷类型、目标任务的完成进度等；动作指根据可见性计算，得到卫星对目标的可见性时间表，根据执行任务代价计算的卫星执行某任务的耗费，决定某任务是否由某颗卫星执行；评价指对上述动作的效用进行评估；状态转移只执行某一动作后对卫星姿态、存储、能量、任务完成进度等状态的改变。图 8-7 展示了基于强化学习的多星任务规划框架。

（1）卫星工作计划表

每颗卫星经过任务规划后都会得到一个卫星工作计划表，该表格中记录了卫星在哪一时刻开始并以何种姿态执行某个目标任务及结束执行任务的时刻、执行完该任务后的存储占用情况和能量消耗情况等，如表 8-2 所示。

（2）T_i 到 T_{i+1} 时间区间"卫星-目标"可见窗

每个目标任务都可以通过卫星轨道和姿态机动性能计算出卫星对目标的可见时间窗，在该时间窗内卫星需要摆动到特定姿态对目标进行观测，执行完这一观测动作对卫星存储占用、能量消耗等情况也可以由此估算得出，如表 8-3 所示。

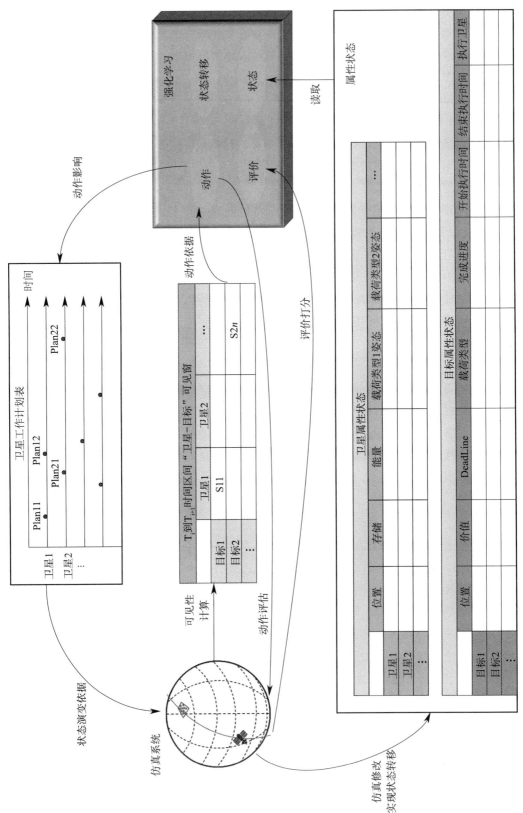

图 8 - 7 基于强化学习的多星任务规划框架

表 8 - 2　卫星工作计划表

计划	卫星	目标	开始时间	结束时间	存储占用	能量消耗	载荷类型	载荷机动
$plan_{i,j}$	i	j	t1	t2				

表 8 - 3　"卫星-目标"可见窗

可见窗	卫星	目标	开始时间	结束时间	存储占用	能量消耗	载荷类型	载荷机动
$S_{i,j}$	i	j	t1	t2				

在实验设计中，可以根据卫星工作计划表实时推进卫星属性状态、目标属性状态，实现状态转移。其中，卫星属性状态包括随着时间推移，卫星在轨道上位置的改变，随着卫星执行观测任务其载荷、存储、能量等的仿真演变。每隔 T 时间，向前推算一次 T 时间窗内卫星-目标可见性，即卫星是否可执行某目标，执行某目标的时间、耗费等。

对强化学习的动作进行评估：动作是否有效、根据动作是否有效修改卫星工作计划表、动作执行后的收益。其中，动作指选定卫星在某刻观测某个目标，动作依据为仿真系统推算的 T_i 到 T_{i+1} 时间区间"卫星-目标"可见窗。

读取仿真系统提供的属性状态，每隔 t 时间，根据 T_i 到 T_{i+1} 时间区间"卫星-目标"可见窗执行一个动作；根据"状态-动作-评价"学习强化学习模型。

多星多载荷自主任务规划场景下，目标的分布形式和单星类似，具有发现视场的规划星也只有一个，主要区别在于可供成像的成员星有多个，其工作场景如图 8-8 所示。

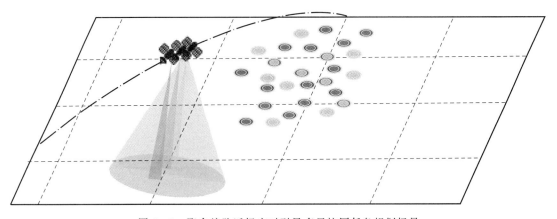

图 8 - 8　聚合编队近场实时引导多星协同任务规划场景

在单星模型的基础上，对该仿真场景进行多星化场景的迁移，其简化后场景如图 8 - 9 所示。

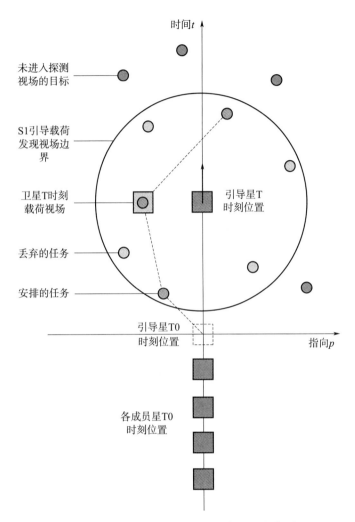

图 8-9 二维映射后的多星协同任务规划场景

8.4 仿真验证

本小节对基于强化学习的卫星任务规划算法进行实验验证，并选择贪婪算法作为对照。贪婪算法的基本思想是在可见性、可观测性等条件允许的情况下优先执行重要性高的任务。通过单星多点目标任务规划和多星多点目标任务规划两类应用场景，分别对单智能体 DQN 算法和多智能体 MADDPG 算法进行验证，从模型训练及规划效率和规划累计收益两个方面进行评估。

8.4.1 基于贪婪算法的卫星任务规划

（1）贪婪算法

贪婪算法是指在对问题求解时总是做出在当前看来是最好的选择。也就是说，不从整体最优上加以考虑,其所做出的是在某种规则策略上的局部最优解。

贪婪算法对所求问题的整体最终解可以通过一系列局部最优选择来得到。贪婪算法采用从顶向下、迭代的方法做出相继选择,将所求问题简化为规模更小的子问题。对于子问题,贪婪算法基于既定的规则策略得到当前局部最优解,通过每一步贪婪选择,最终可得到问题的一个整体最终解。贪婪算法不是对所有问题都能得到整体最优解,其关键是贪心策略的选择,但是贪婪算法一定可以得到问题的可行解。

（2）贪婪算法求解卫星任务规划问题具体实施

任务属性:

$$s = \{position, value, deadline\}$$

式中　position——位置;

　　　value——目标价值。

$$S = \{s_1, s_2, \cdots, s_N\}$$

卫星状态:

$$sat = \{position, attitude, storage\}$$

式中　position——位置;

　　　attitude——姿态;

　　　storage——存储。

算法实现:

步骤 1:确定任务规划子时间段 t, $\sum_{i=0}^{N} t_i \geqslant T$。

步骤 2:解算 t 时间段内卫星可观测目标子集 $S_{t_i} = \{s_{t1}, s_{t2}, \cdots, s_{tn}\}$;

步骤 3:对可观测目标按照价值由高到低排序。

步骤 4:对步骤 3 排序后的 S_{t_i} 再次排序,价值相等的目标层内按照偏离卫星轨道角度由小到大排序。

步骤 5:遍历 S_{t_i},依次将目标插入子卫星观测任务调度时间表,格式如表 8-4 所示,插入规则如下:如果 s_{tm} 的观测时间位于 s_{ti} 与 s_{tj} 之间,观测 s_{tm} 所需存储小于此时卫星剩余存储,且由 s_{ti} 机动到 s_{tm} 再由 s_{tm} 机动到 s_{tj} 不影响 s_{tj} 的观测,则 s_{tm} 可以插入子卫星观测任务调度时间表。

表 8-4　单星多目标观测任务调度时间

时间	观测对象	目标价值	机动姿态	姿态机动开始时间	观测开始时间	观测结束时间	卫星剩余存储容量
T_1	目标 s_i	$value_i$	左向偏移 α_i 度	t_{asi}	t_{ssi}	t_{sei}	$stor_i$
T_2	目标 s_j	$value_j$	右向偏移 α_j 度	t_{asj}	t_{ssj}	t_{sej}	$stor_j$
⋮	⋮	⋮	⋮	⋮	⋮	⋮	⋮

$$\cdots , s_{ti} , s_{tj} , \cdots$$

$$\uparrow \qquad \xrightarrow{\quad\text{时间轴}\quad}$$

$$s_{tm}$$

步骤 6：将子卫星观测任务调度时间表附加到已有卫星观测任务调度时间表。

步骤 7：对下一 t 子时间段重复步骤 2～6，完成 T 时间段内单星多目标观测任务规划问题。

8.4.2 单星多目标任务规划

算例的主要实验变量为视野范围、目标数量、侧摆动作空间、动作代价及 DQN 网络结构。

1）视野范围：决定智能体的状态空间，取值范围为 50～180 s。

2）目标数量：与规划复杂度成正比，取值范围为 200～1 800 个。

3）侧摆动作空间：决定智能体的动作空间，取值范围为 5～10。

4）动作代价：侧摆动作对应的收益惩罚系数，取值范围为 0.1～0.5。

5）DQN 网络结构：本节算例采用一层全连接和三层全连接两种结构进行验证。其中，一层全连接的网络结构为：隐含层 100 个节点，激活函数为 ReLU；三层全连接的网络结构为：三层隐含层节点，数量分别为 200、100、50，激活函数为 ReLU。

（1）算例 1

1）变量取值如表 8-5 所示。

表 8-5　算例 1 变量取值

算例变量	视野范围/s	目标数量	侧摆动作空间	动作代价	DQN 网络结构
取值	180	200	10	0.3	1 层

2）模型规划实例如图 8-10 所示。

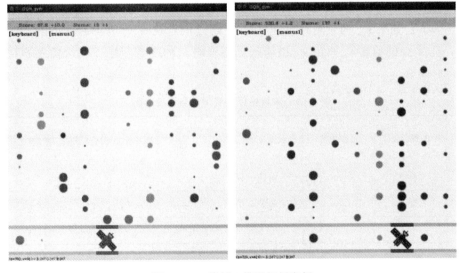

图 8-10　算例 1 模型规划实例

3）模型训练收益曲线如图 8-11 所示。

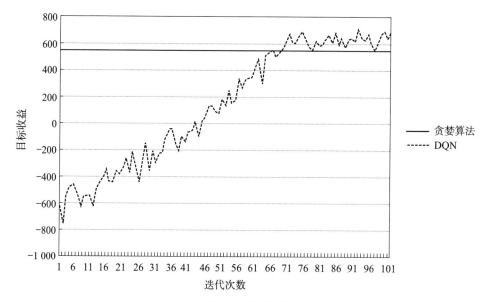

图 8-11　算例 1 模型训练收益曲线

（2）算例 2

1）变量取值如表 8-6 所示。

表 8-6　算例 2 变量取值

算例变量	视野范围/s	目标数量	侧摆动作空间	动作代价	DQN 网络结构
取值	50	200	10	0.3	1 层

2）模型规划实例如图 8-12 所示。

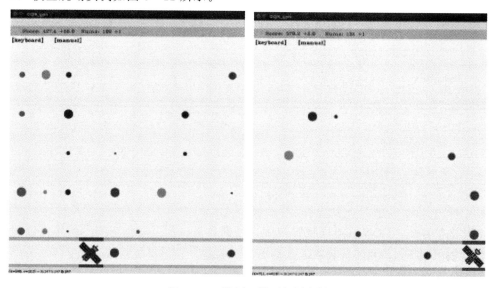

图 8-12　算例 2 模型规划实例

3) 模型训练收益曲线如图 8-13 所示。

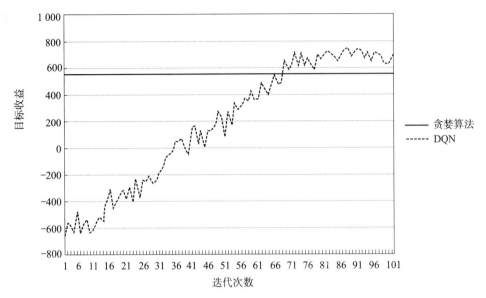

图 8-13 算例 2 模型训练收益曲线

(3) 单星多目标任务规划

单星多目标任务规划结果如表 8-7 所示。

表 8-7 单星多目标任务规划结果

算例	视野范围/s	目标数量	侧摆动作空间	动作代价	贪婪算法收益	DQN 收益	DQN 单次规划时间/ms	提升幅度/%
1	180	200	10	0.3	550	694	2.7	26.1
2	50	200	10	0.3	550	709	1.6	28.9
3	100	200	10	0.3	550	684	1.9	24.3
4	180	500	10	0.3	752	822	3.2	9.3
5	180	1 000	10	0.3	1 109	1 117	2.8	0.7
6	180	200	5	0.3	562	644	2.4	14.5
7	180	200	10	0.1	737	846	1.8	14.7
8	180	200	10	0.2	610	694	2.2	13.7
9	180	200	10	0.3	550	683	16.7	24.1

相比贪婪算法，DQN 在不同视野范围、目标数量、侧摆动作空间、动作代价和网络结构的参数范围下，均可不同程度地获得更高的收益，且单次规划效率优于 20 ms，证明了基于 DQN 的卫星任务规划方法的有效性。

在各项变量中，动作代价对贪婪算法有显著影响，动作代价的增加会使贪婪算法更易陷入局部最优，而 DQN 通过神经网络建立全局状态空间和动作间的 Q 值关系，对动作代价的影响更具鲁棒性。

8.4.3　多星多目标任务规划

算例的主要实验变量为卫星数量、视野范围、目标数量、侧摆动作空间、动作代价及 MADDPG 网络结构。

1）卫星数量：决定智能体数量。

2）视野范围：决定智能体的状态空间，取值范围为 $50\sim180$ s。

3）目标数量：与规划复杂度成正比，取值范围为 $200\sim1\,800$。

4）侧摆动作空间：决定智能体的动作空间，取值范围为 $5\sim10$。

5）动作代价：侧摆动作对应的收益惩罚系数，取值范围为 $0.1\sim0.5$。

6）MADDPG 网络结构：Actor 网络和 Critic 网络均采用相同的两层全连接网络结构，两层隐含层节点数量为 200、100，在算例中不再赘述。

（1）算例 1

1）变量取值如表 8-8 所示。

表 8-8　算例 1 变量取值

算例变量	视野范围/s	目标数量	侧摆动作空间	动作代价	卫星数量
取值	180	200	10	0.3	2

2）模型规划实例如图 8-14 所示。

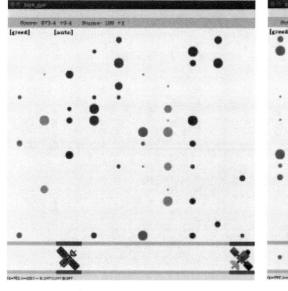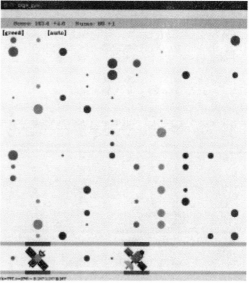

图 8-14　算例 1 模型规划实例

3）模型训练收益曲线如图 8-15 所示。

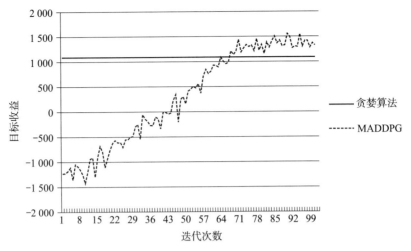

图 8 - 15　算例 1 模型训练收益曲线

（2）算例 2

1）变量取值如表 8 - 9 所示。

表 8 - 9　算例 2 变量取值

算例变量	视野范围/s	目标数量	侧摆动作空间	动作代价	卫星数量
取值	180	200	10	0.3	3

2）模型规划实例如图 8 - 16 所示。

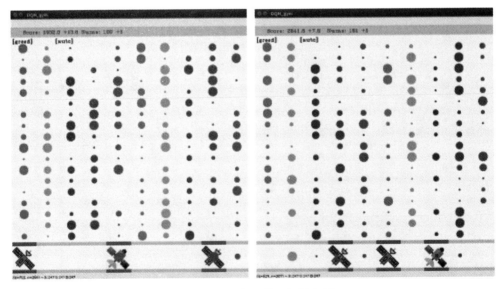

图 8 - 16　算例 2 模型规划实例

3）模型训练收益曲线如图 8 - 17 所示。

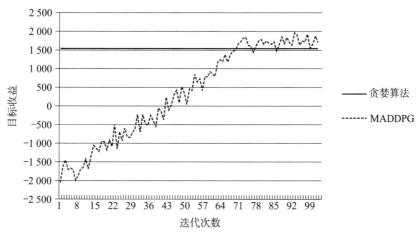

图 8 - 17　算例 2 模型训练收益曲线

（3）多星多目标任务规划

多星多目标任务规划结果如表 8 - 10 所示。

表 8 - 10　多星多目标任务规划结果

算例	视野范围/s	目标数量	侧摆动作空间	动作代价	卫星数量	贪婪算法收益	MADDPG收益	MADDPG单次规划时间/ms	提升幅度/%
1	180	200	10	0.3	2	1 090	1 326	51.6	21.6
2	180	200	10	0.3	3	1 540	1 708	146.1	13.2
3	180	1 000	10	0.3	2	2 083	2 149	61.7	3.15
4	180	1 000	10	0.3	3	3 187	3 346	162.0	4.98
5	180	200	10	0.1	2	1 580	1 691	62.4	7.02
6	180	200	10	0.1	3	1 854	1 968	156.0	6.31

相比贪婪算法，MADDPG 在不同视野范围、目标数量、侧摆动作空间、动作代价、卫星数量的参数范围下，均可不同程度地获得更高的收益，且单次规划效率优于 200 ms，证明了基于 MADDPG 的多智能体卫星任务规划方法在多星规划应用场景的有效性。同 DQN 在单星任务规划的表现类似，MADDPG 对动作代价的影响更具鲁棒性。随着卫星数量的增加，局部最优和全局最优趋于一致，MADDPG 的提升幅度有所下降。

8.5　小结

本章详细分析了卫星任务规划问题涉及的变量、约束和求解目标，阐述了强化学习的扼要思想及强化学习对卫星任务规划问题的适用性，根据当前卫星星载和地面资源的计算能力现实，构建了基于强化学习的星地一体化任务规划求解框架，提出了基于 DQN 的单星和基于 MADDPG 的多星任务规划方法。

　　本节以单星/多星近场多目标观测任务规划工作场景为实例,开发了基于 Python 3 平台的仿真环境,并以传统的贪婪算法为对照,验证了强化学习应用于卫星任务规划问题的可行性。实验证明,本章提出的基于 DRL 的卫星任务规划方法在目标收益方面全面超过贪婪算法,且算法效率满足实时性要求,为工程的实施应用提供了理论和数据支撑。未来可以利用人工智能方法解决许多复杂的工程问题,如利用强化学习进一步深化卫星在线调度的管控模式、求解框架及在实际应用方面的研究,可以利用强化学习方法开展复杂资源约束和复杂背景条件下的大规模星群协同在线调度研究。

参 考 文 献

［1］ WANG H J，YANG Z，ZHOU W G，et al. Online scheduling of image satellites based on neural networks and deep reinforcement learning ［J］. Chinese Journal of Aeronautics，2019，32（4）：1011 - 1019.

［2］ LI D L，WANG H J，YANG Z，et al. An online distributed satellite cooperative observation scheduling algorithm based on multiagent deep reinforcement learning ［J］. IEEE Geoscience and Remote Sensing Letters，2020（99）：1 - 5.

［3］ ZHAO X，WANG Z，ZHENG G. Two - phase neural combinatorial optimization with reinforcement learning for agile satellite scheduling ［J］. Journal of Aerospace Information Systems，2020，17（7）：346 - 357.

［4］ CHEN M，CHEN Y，CHEN Y，et al. Deep reinforcement learning for agile satellite scheduling problem ［C］//2019 IEEE Symposium Series on Computational Intelligence（SSCI）. IEEE，2019：126 - 132.

［5］ Hadj - Salah A，Verdier R，Caron C，et al. Schedule earth observation satellites with deep reinforcement learning ［J］. arXiv preprint arXiv：1911. 05696，2019.

［6］ HU X，LIAO X，LIU Z，et al. Multi - agent deep reinforcement learning - based flexible satellite payload for mobile terminals ［J］. IEEE Transactions on Vehicular Technology，2020，69（9）：9849 - 9865.

［7］ LAM J T，RIVEST F，BERGER J. Deep reinforcement learning for multi - satellite collection scheduling ［C］//International Conference on Theory and Practice of Natural Computing. Springer，Cham，2019：184 - 196.

［8］ 王海蛟. 基于强化学习的卫星规模化在线调度方法研究 ［D］. 北京：中国科学院大学（中国科学院国家空间科学中心），2018.

［9］ 康丽弘. 无人机任务规划技术研究 ［D］. 西安：西安电子科技大学，2014.

［10］ 王冲. 基于 Agent 的对地观测卫星分布式协同任务规划研究 ［D］. 长沙：国防科技大学，2011.

［11］ 王冲，景宁，李军，等. 一种基于多 Agent 强化学习的多星协同任务规划算法 ［J］. 国防科技大学学报，2011，33（1）：53 - 58.

［12］ 马骋乾，谢伟，孙伟杰. 强化学习研究综述 ［J］. 指挥控制与仿真，2018（40）：68 - 72.

［13］ 杨冬梅. 人工智能在卫星任务规划中的应用 ［J］. 建筑工程技术与设计，2018（32）：3664 - 3665.

［14］ MOSER T，VRBA P，MERDAN M，et al. Investigating the robustness of re - scheduling policies with multi - agent system simulation ［J］. The International Journal of Advanced Manufacturing Technology，2011（55）：355 - 367.

［15］ 吴锋. 基于决策理论的多智能体系统规划问题研究 ［D］. 北京：中国科学技术大学，2011.

［16］ LIANG X，CAO R，ZHENG T. The coordinate descent method with stochastic optimization for linear support vector machines ［J］. Neural computing ＆ applications，2013（22）：1261 - 1266.

[17] 刘春阳，谭应清，柳长安，等. 多智能体强化学习在足球机器人中的研究与应用 [J]. 电子学报，2010（38）：1958－1962.

[18] PAULO L T. A holonic disturbance management architecture for flexible manufacturing systems [J]. International Journal of Production Research，2011（49）：1269－1284.

[19] 万里鹏，兰旭光，张翰博，等. 深度强化学习理论及其应用综述 [J]. 模式识别与人工智能，2019（32）：67－81.

[20] MNIH V，KAVUKCUOGLU K，SILVER D，et al. Human－level control through deep reinforcement learning [J]. Nature，2015（518）：529－523.

[21] PINSON S，SHAKUN M F，AKNINE S. An extended multi－agent negotiation protocol [J]. Autonomous Agents and Multi－Agent Systems，2004（8）：5－45.

[22] 杜宇. 基于深度机器学习的体态与手势感知计算关键技术研究 [D]. 杭州：浙江大学，2017.

[23] 徐松林. 深度强化学习概述 [J]. 电脑知识与技术，2019（15）：193－194.

第9章 多星协同仿真验证系统工程实现

随着多星协同系统功能逐渐趋于复杂化，空间任务耦合程度更高，任务协同和分配要求更高，传统仿真测试方法难以发现深层次的冲突和对星簇的影响。当前，针对多星协同的仿真验证手段有限，现有卫星仿真系统对功能异构、在轨需协同的星簇分析能力不足，仿真系统尚不完备[1,2]。本章针对多星协同仿真验证系统开展设计，介绍了仿真验证系统的研究现状及效能评估方法，给出了多星协同仿真系统的设计思路、仿真模式、系统组成、层次结构及工作流程，从人机界面和程序逻辑等方面给出场景仿真系统的模块设计。

9.1 多星协同任务规划仿真验证系统

多星协同任务规划已有几十年的发展历史，但从应用效果来看，多星协同任务规划能力并未得到充分挖掘，一方面是因为目标数量众多（往往需要面对上万个目标的信息更新任务），且受目标机动能力、复杂地标目标态势等多因素制约，任务响应的灵活性、信息获取的时效性远不能满足信息保障要求；另一方面，单星在轨自主化水平不高，多星在轨自主化基本处于空白状态，对地面运控系统造成巨大负担，尤其是会面对无地面依托的险境[3]。

基于上述背景，在当前卫星系统升级换代的阶段，航天领域以"减轻在轨卫星对地面运控系统的依赖程度，提升卫星系统在轨任务响应的时效性、灵活性，提升用户信息应用的便利性、友好度，实现天基信息获取系统好用、管用"为目的，加强对多星协同任务规划技术的部署和研究[4]。相关研究主要聚焦于多星协同自主任务规划、多源卫星在轨数据融合、系统综合效能评估等几个方面。上述研究工作在具体开展中大多相对独立，研究的输入条件和约束条件与实际应用环境有较大差异[5]。同时，成果主要停留在算法研究与样机开发阶段。因此，急需开展多星协同任务规划仿真与评估技术研究，系统化集成和验证自主协同领域的相关技术研究成果，设计和验证未来航天器自主、高效工作模式，评估未来装备体系综合效能，为早日实现多星协同的任务处理自主化奠定基础。

1) 开展多星协同任务规划仿真技术研究，是建立有卫星系统参与的动态任务模型、描述系统自主任务规划全局效果的需要。

第一，通过多星协同任务规划仿真系统研究实现对卫星装备性能指标层面的仿真建模。目前卫星装备建模仿真多针对其功能指标，如轨道参数、载荷类型、等效覆盖等[6]，急需细化卫星装备仿真颗粒度，将其置于典型任务场景中，更真实地、定量化地反映出实际任务中的装备能力，如观测灵敏度、实际定位精度、多种工作模式及性能、机动能力、数据率等。第二，实现对卫星系统动态任务建模。目前卫星对任务多维静态任务描述，如简单的时空覆盖等，与真实任务的场景匹配性不佳，基于这类任务场景构建的任务规划方法难以满足实际需求。第三，建立卫星系统全局任务规划应用环境及其效果的描述工具。目前在轨卫星单星任务规划较为成熟，多星联合任务规划也已启动了相关预研项目，但具体应用任务场景不明确，目前的规划方法是一次性的，缺乏动态管理能力，对规划后任务执行效果缺乏描述能力，缺乏对规划结果的反馈和优化能力[7]。

2）开展多星协同任务规划仿真技术研究，是实现未来多星协同任务规划体系动态效能评估与综合效能评估的重要保障。

国内目前缺乏动态效能评估和综合效能评估的手段工具，现在常用的卫星系统效能评估工具只能做到时空覆盖等静态效能的评估，但面向任务的动态任务场景更加接近实际需要[8]。因此，目前的工具对卫星装备在实际任务中发挥的真实效能缺乏评估手段，从而对基于静态与动态聚合的综合效能评估也缺乏有效支撑。

3）开展多星协同任务规划仿真技术研究，是实现多星协同任务规划技术集成验证、推动早日上星应用的重要手段。

多星协同任务规划工作模式不同于我国现有卫星高度依赖地面运控的工作模式，属于系统级的技术研究领域，会对未来多星协同任务规划的技术状态与应用效果产生深刻影响[9]。目前国内对于自主化任务协同技术的研究多处于基础架构搭建、算法开发或地面样机开发阶段，存在的问题主要有两点：一是成果技术成熟度不高，大多处于地面原理样机阶段；二是成果分散于自主任务规划、自主星上数据处理等多个领域，缺乏系统性联试，实际效能难以完整展示。因此，通过全链路仿真的方式，可集成本领域技术攻关成果，对相关概念、技术成熟度、应用效果等进行系统性的演示验证，为后续上星应用提供技术支撑。

9.2　多星协同任务规划仿真系统功能与架构

卫星自主任务管理具有关键环节多、空间任务耦合程度高、任务协同和分配难度大等特点[10]。任务规划作为完成空间任务的核心，仍有许多模型算法需要研究和验证。但现有卫星仿真验证对功能异构、在轨需要协同的多星多任务仿真能力不足，仿真系统尚不完备，使得卫星或任务潜在冲突不容易暴露，传统仿真测试方法难以发现深层次的冲突。本节将针对卫星的任务规划仿真验证开展研究，以多星仿真为核心，从人机界面和程序逻辑方面设计场景仿真实验系统，为多星协同自主任务管理的功能验证提供支撑。

9.2.1　仿真系统设计思路

（1）场景仿真系统全流程支撑技术开发与验证

场景仿真系统支持卫星研制全流程的三个阶段：星载自主任务规划系统地面开发阶段、地面综合测试阶段与在轨运行阶段。

在星载自主任务规划系统地面开发阶段，场景仿真系统将运行于系统开发模式，而星载任务规划原型系统会接入场景仿真系统，进行超实时快速仿真，以评估系统计算与流程正确性。

在地面综合测试阶段，场景仿真系统将运行于系统测试模式，模拟在轨阶段实时处理流程，实现自主任务管理系统全实时任务演示验证，测试多星协作在轨自主任务规划的时效性、鲁棒性，并验证基于数据驱动的任务规划模型自完善机理。

在在轨运行阶段，场景仿真系统运行于在轨效能评估模式，地面处理源数据并进行实时自主任务规划推演，结合对执行效果的定量化评估，进一步优化自主任务规划模型及地面场景仿真系统，实现星地一体化自主规划验证。

（2）模拟星载计算环境，支持多星协同规划

星载任务规划系统包含星簇内及多星簇之间的任务协同规划，地面实验系统单星模拟采用主流星载计算机的地面模拟系统，作为自主任务规划软件的硬件载体，为自主任务规划程序提供运行环境。另外，可以模拟多个星载计算机多星协同规划的实验场景。

（3）地面效能评估系统

地面效能评估系统是效能仿真的关键所在，系统具备多维度的任务规划运行性能评估能力，如任务覆盖率、任务总收益、任务执行效率、算法运行效率、单任务规划解算精度等。地面将具备同样的仿真场景，同时输入星上任务规划系统和地面任务规划系统，地面任务规划系统通过多种智能优化算法近似得出全局最优规划结果，作为星上性能评估基础。

9.2.2　仿真系统应用模式

多星协同系统通常具备多智能体在轨自主任务规划能力，在执行任务过程中，能够根据任务的变化、环境的变化、卫星自身状态的变化，从可用的资源中选择、确定出最适应动态变化和任务需求的观测资源配置及协同行动策略，实现资源的动态利用和高效管理，在一定约束条件下可以提升协同效能[11]。

多星协同地面验证系统包括星上和地面两部分，星上部分用于运行多星协同自主任务规划软件，作为协同的智能体中枢；地面部分作为仿真系统的主体，为星上智能体中枢提供外部环境模拟、成员星模拟、目标及区域模拟。星上和地面能够动态生成协同交互所需的所有数据包，并具备一定的监测及评估能力。仿真系统具备地面仿真测试模式、在轨数据驱动回放模式与在轨数据驱动调参模式，能够为仿真、测试、实验、在轨的各环节提供技术保障[12,13]。

（1）地面仿真测试模式

在地面仿真测试模式下，地面对场景、目标、卫星、任务进行配置，与星载计算机实时闭环进行数据交互，模拟多星载荷、轨道、动作、任务执行过程，可以全面支持系统开发、功能验证、系统调参、闭环测试等各个环节。通过仿真场景来验证星上软件功能，实现仿真实验系统与镜像系统数据交互。地面仿真测试模式数据流如图 9-1 所示。

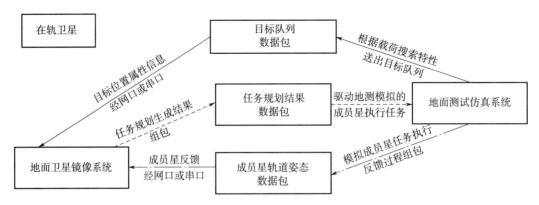

图 9-1　地面仿真测试模式数据流

目标配置可实现随机设置目标数量，同时生成其位置（目标经纬度）、属性信息、运动轨迹、航向航速等。另外，可按照功能对卫星进行配置（搜索类、成像类）。通过对各种任务模式的相关参数进行调整，可对任务单类型进行选择，以充分适应任务的多变性和复杂性。在仿真过程中，通过对在轨多星轨道运行、卫星状态数据、多星相对运动及任务规划执行情况的模拟，可改善仿真模型的准确性及测试数据集的真实性。

测试系统通过 UDP/TCP 与星载计算机连接，成员星产生的数据包及规划星生成的协同规划结果可以进行实时数据交互，以验证星上软件模块功能。

（2）在轨数据驱动回放模式

在轨数据驱动回放模式下不进行多星协同，只显示过程的所有执行步骤。利用在轨运行过程中收集到的数据包（目标队列数据包、任务规划结果数据包、成员星轨道姿态数据包等）进行回放，解析每个数据包里的信息，利用该真实信息驱动动画场景，回放各个卫星的姿态机动、成像、数传等动作。在展示规划结果和执行过程中，目标队列数据包为成员星提供各搜索目标，任务规划结果数据包中含有信息系统所需要的场景时间及其他系统信息，而成员星轨道姿态数据包中则含有成员星的姿态轨道控制数据及驱动成像卫星的动作信息。在轨数据驱动回放模式数据流如图 9-2 所示。

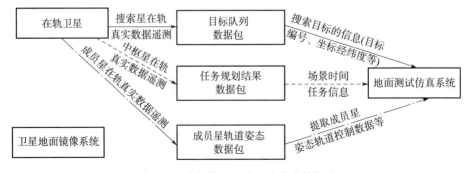

图 9-2　在轨数据驱动回放模式数据流

从在轨遥测数据、星间收发数据包中可以提取重要信息，以驱动场景运行。信息包括轨道信息、姿态信息、载荷开关信息、任务区域及目标队列信息。通过对在轨运行情况进行复盘评估，可以清楚地看到任务执行过程的时序、目标搜索发现的时空关系、卫星对任务执行动作过程（目标成像执行及卫星覆盖目标等）。

　　在轨驱动过程中，星上和地面都不产生数据包，数据包来自测试或在轨下传的真实数据，重点在于提取、接入系统回放。提取卫星的轨道数据用于场景轨道设置，使用数据包起始时刻的一组轨道根数，产生一条轨道或连续的位置速度散点信息，散点中间通过插值进行平滑。提取卫星的姿态序列数据，导入系统显示姿态，姿态序列周期为 1 s，在 1 s 内采用插值平滑。目标引导队列，提取目标队列数据包中的经纬度信息、属性信息；随着队列数据源的成员星轨道飞行，以数据包中的时间戳在地面实时打点，显示目标在地面的地理分布和出现时序。成员星反馈信息，获取成像载荷开关状态，在开始成像和结束成像时刻，将成像载荷在地面留有轨迹覆盖区域；在评估时统计覆盖区域内的目标数量，展示在轨数据驱动回放模式数据流。

　　（3）在轨数据驱动调参模式

　　在在轨数据驱动调参模式下，以在轨载荷数据源为输入，显示目标场景，同时将其作为任务规划输入，重新进行新的任务规划。获取的规划结果可以作为调整星上参数的参考。在多次运行、评估后，可获取最优解。搜索载荷进行目标搜索发现，对发现的目标进行引导信息组包、发送，通过对数据分析进行星上软件参数调整。在轨数据驱动调参模式数据流如图 9-3 所示。

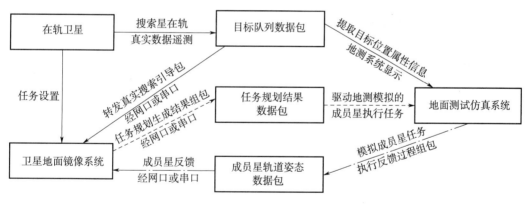

图 9-3　在轨数据驱动调参模式数据流

　　星上参数由任务规划过程参数、星上各星模型参数及目标知识库参数组成。通过对星上参数的调整，能够提高多星协同的时效性、鲁棒性，并可以验证基于数据驱动的任务规划模型自完善机理。

　　调参的重点是不用规划星产生的数据包，而是将目标引导数据包、成员星轨道信息与在轨卫星一致的组合状态一起导入场景中进行闭环实验，并对星上可调参数进行遍历，接入评估，在真实的在轨数据激励下优选组合参数，并上注于星上。可调参数遍历的过程可以在参数有效域通过超实时地、自动地、快速地搜索最优组合。需要注意的是，调参时采用与在轨工况一致的任务设置、一致的仿真起止时间、一致的地理区域及一致的编队轨道构型。

将参数调整后上注,在自主任务规划启动后,地测仿真系统应严格按照目标引导包的时序向规划星上发送与在轨一致的数据包,规划星采用与在轨一致的轨道和姿态,用调整后的参数执行规划。成员星采用与在轨一致的轨道,接收规划星的调度数据,执行任务规划,对效能进行评估并且记录参数组合状态。通过多次循环,遍历若干次,找到最优的任务规划相关参数。

9.2.3 仿真实验系统组成和层次结构

多星协同地面验证系统由应用层、服务层及资源层组成,结合星上层,实现可视化闭环验证多星协同的有效性。地面测试验证系统资源层可对星上参数进行设置,利用模型库及数据库对卫星、目标及编队进行仿真或者在轨模拟,并且通过评估算法库对生成的多星协同结果进行评估,以图表显示给用户。地面测试验证系统服务层可以管理软件进程及时间统一来实现仿真环境配置,通过对数据传输、节点状态的监控实现数据监控服务。仿真实验系统架构如图9-4所示。

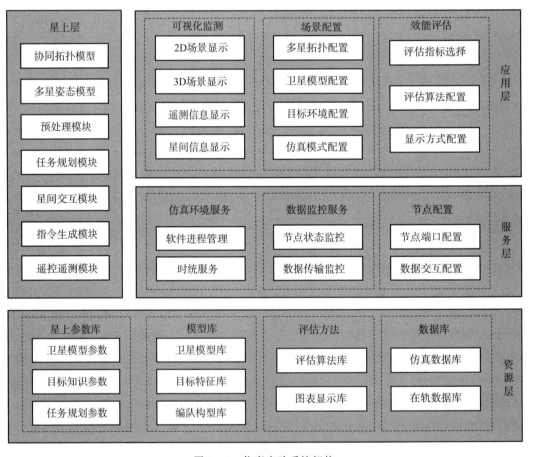

图9-4 仿真实验系统架构

此外，针对航天器自主任务管理场景仿真系统方案开展设计，将其中的自主任务管理方法设计为场景仿真软件。以多星仿真为核心，从人机界面和程序逻辑等方面为自主任务管理仿真软件提供解释说明，帮助用户更为清楚地使用该软件。软件总体设计架构如图 9-5 所示。

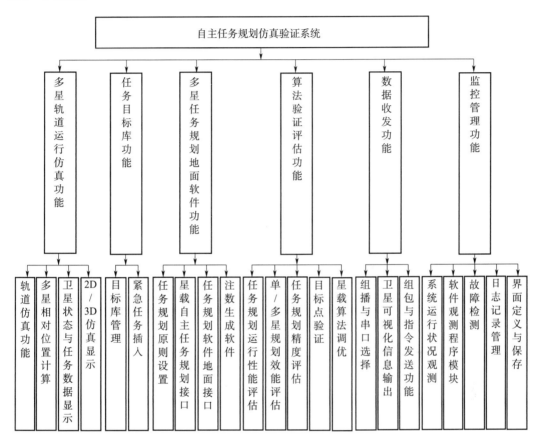

图 9-5　软件总体设计架构

图 9-6 给出了系统层次关系。其中，监控管理功能模块对整个系统进行横向监控与管理。多星任务规划地面软件包括任务目标数据库、多星轨道运行仿真模块、算法验证评估模块，各个模块之间通过多星任务规划地面软件互相关联，层层递进。多星任务规划地面软件同时通过注数生成软件、地面调试接口、星载自主任务规划接口进行数据收发，最终完成多星协同自主任务规划仿真验证。整个系统流程如图 9-6 中箭头所示，包括目标导入、轨道仿真、多任务规划、结果仿真演示、算法验证评估、上注数据生成、数据上注等。软件主界面如图 9-7 所示。

整个系统主要包括任务目标库、多星任务规划地面软件、多星轨道运行仿真、算法验证评估、数据收发及监控管理等几个功能模块，各模块之间的流程如下所述。

首先定义任务目标库功能模块。这一功能主要支持常规目标的导入、目标的批量导入及紧急任务的临时插入。在用户输入目标后，需要同时对多星轨道运行仿真模块中的资源

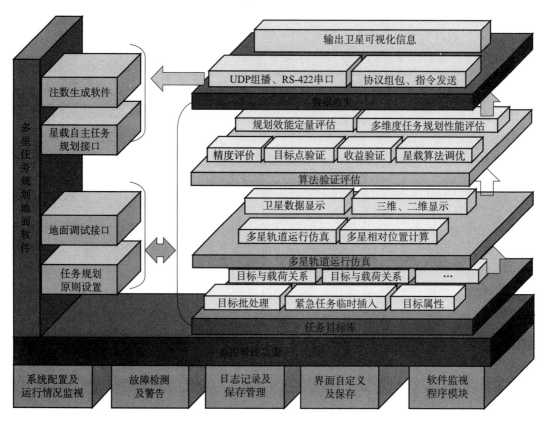

图 9-6　系统层次关系

进行预设（包括卫星轨道信息、卫星约束预设等），获得在轨资源的轨道预报信息，以进行后续的多星任务规划。轨道预报完成后，则进入多星任务规划地面软件，进行多星任务规划。在这一功能模块中，用户需要首先对任务规划原则、任务规划算法进行设计。利用设计好的任务规划软件，根据从目标库、多星轨道运行仿真模块中获得的任务目标数据、卫星轨道数据，进行多星多任务规划，得到任务规划结果，其中包含每个卫星的时序表及姿态数据。所有的规划结果最后通过多星轨道运行仿真模块进行 2D/3D 演示，包括在轨多星轨道运行仿真、卫星状态数据显示、多星相对运动显示及任务规划结果执行演示。

　　在得到多星任务规划结果后，需要对规划结果进行验证，主要进行算法验证评估，包括多维度的任务规划运行性能评估、任务规划效能定量评估、任务规划精度评价、目标验证、成像收益验证、数据分析及算法调优等。

　　在整个系统流程中，监控管理功能模块始终在后台运行。对运行环境、状态进行观测，其中包括对系统配置及运行状况的观测、软件观测程序模块、故障检测及警告、日志记录及保存管理、界面自定义及保存等。整个多星协同自主任务规划仿真验证系统的健康运行需要满足上述执行步骤。

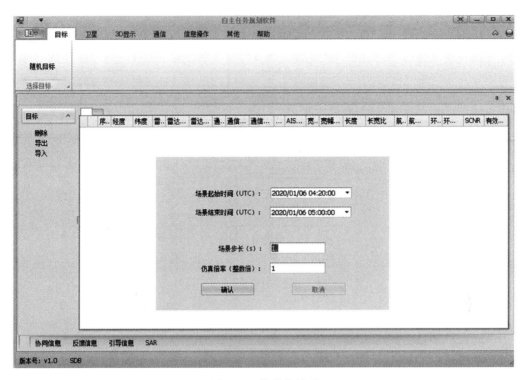

图 9 - 7　软件主界面

9.3　仿真系统实现过程

9.3.1　仿真系统流程

自主任务规划仿真系统用于对星上进行仿真，需要与星上进行数据交互。软件提供网口和串口两种方式，用于与星上的数据包进行数据交换。其基本流程如下。

步骤 1：启动自主任务规划仿真系统。

步骤 2：配置目标、仿真卫星参数及仿真场景时间。

步骤 3：进行 3D 动画仿真。

步骤 4：进行 T0/dt 设置。

步骤 5：进行 UDP（user datagram protocol，用户数据报协议）组播连接与 TCP（transmission control protocol，传输控制协议）连接，用于接收星上发来的唤醒包。解包出每颗卫星所需要的 T0 与 dt 后，为卫星安排工作时间。

步骤 6：在每颗卫星都获取完自己特有的 T0/dt 之后，"时序打开"按钮变为有效，此时打开串口连接，通过 MOXA 卡与综合电子单机连接，继而实现数据包的传输。

以上为操作的基本流程，更详细的流程如图 9 - 8 所示。

地测系统用于对星上的实时仿真，当星上系统正常运转时，地测系统与卫星进行数据

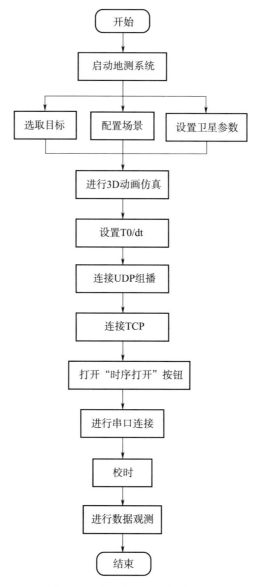

图 9 - 8   动画仿真模块操作流程

交互，获取所需要的数据，然后进行仿真；同时将数据反馈到星上，构成一个闭环，如图 9 - 9 所示。

在仿真开始时，地测系统需要准备就绪，对卫星、目标及场景时间进行预加载，同时需要保证仿真的时间段在场景时间内。

时间段 1 [场景开始时刻～（T0－3 min）]：地测系统收到星上发送的唤醒包，安排每颗卫星的 T0/dt，卫星初始默认对日充电。

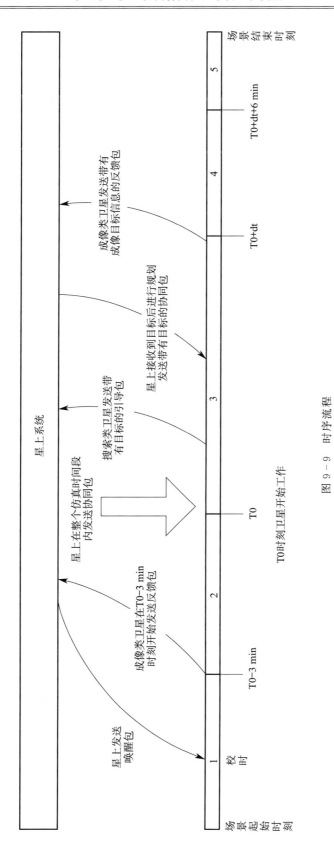

图 9 - 9　时序流程

时间段 2 [（T0－3 min）～T0]：此为地测系统的准备时间，卫星进行机动，完成由对日到对地的操作。在 T0－3 min 时刻，成像类卫星开始发送反馈包。

时间段 3 [T0～（T0＋dt）]：搜索类卫星搜索地面目标，将目标打包成引导包发送给星上，成像类卫星继续发送反馈包。星上接收到引导包之后，解出目标，对地面目标进行规划，分配给各个成像卫星，使其进行成像任务。成像卫星接收到成像任务之后，判断是否能够对目标成像，如果能成像，则进行姿态机动；若不能成像，则将可否成像目标信息通过反馈包发送回星上。

时间段 4 [（T0＋dt）～（T0＋dt＋6min）]：卫星工作完成，重新进行对日充电，成像类卫星继续发送反馈包。

时间段 5 [（T0＋dt＋6min）～场景结束时刻]：系统关闭。

在（T0－3min）～（T0＋dt＋6min）时间段内，成像类卫星一直发送反馈包；在整个仿真流程中，星上会一直以一个指定的频率发送协同包。

数据收发流程如图 9-10 所示。

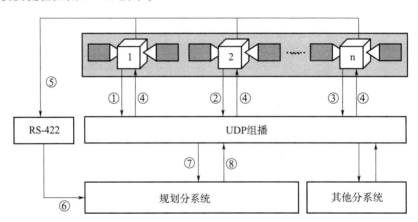

图 9-10　数据收发流程

9.3.2　场景管理模块

图 9-11 为场景管理模块界面，此模块会优先于主软件先显示出来。用户设置完之后，软件会将用户设置的数据保存在后台的配置文件中，其后的目标选取模块与动画仿真模块都将使用该场景时间。场景管理模块流程如图 9-12 所示。

图 9-11 中的各项参数意义如下。

1）场景起始时间：整个自主任务规划仿真软件的仿真开始时刻，软件的仿真从此时刻开始。

2）场景结束时间：整个自主任务规划仿真软件的仿真结束时刻，软件的仿真从此时刻结束。

3）场景步长：设置整个仿真场景的仿真步长，进入仿真模块之后也能更改步长大小。

4）仿真倍率（整数倍）：设置自主任务规划仿真软件仿真倍率，用于改变系统的仿真速率。

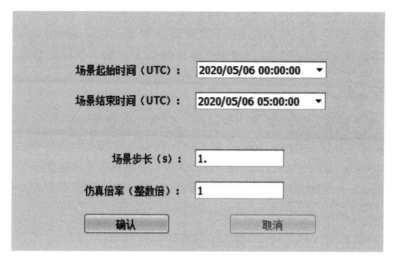

图 9-11　场景管理模块界面

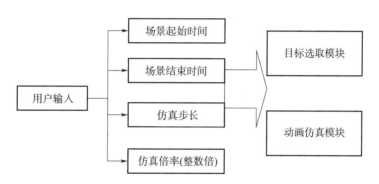

图 9-12　场景管理模块流程

9.3.3　卫星配置模块

自主任务规划仿真软件的卫星配置模块包含多颗卫星的姿态、载荷、轨道及用于协议传输和星间数传的时间设置，如图 9-13 所示。

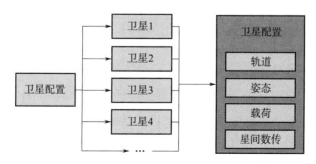

图 9-13　卫星配置模块

每一颗卫星的功能不尽相同，要想很好地完成卫星之间的相互调度，需要清楚每一颗卫星的功能和属性。图9-13中，所有卫星的轨道、姿态、星间数传的参数配置都是一样的，所以所有卫星共用的是一个设置界面。下面将对卫星配置模块的每个分支进行解释说明。

（1）轨道设置界面

图9-14为卫星轨道设置界面，包括历元时间、轨道顺根数（J2000）、位置速度（WGS84）及星历文件导入功能。在该界面可以设置历元时间、轨道根数（半长轴、偏心率、轨道倾角、近地点角、升交点赤经、平近点角）、位置速度（各个轴的位置及各个轴的速度）；也可以导入星历文件，系统会自动识别星历文件中的轨道数据，并添加到该界面中。

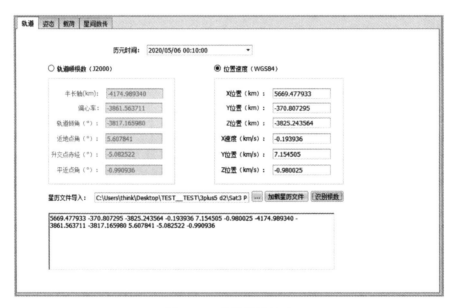

图9-14　轨道设置界面

（2）姿态设置界面

无线电卫星的姿态设置界面可以设置姿态机动时间计算参数、滚动机动边界及滚动切换最大角度，并可实现加载3D模型文件的功能，如图9-15所示。

（3）载荷设置界面

1）搜索类载荷设置界面。

卫星能搭载多个载荷，搜索类载荷设置界面如图9-16所示，各参数含义如下。

a）工作频段：一个指定的范围，卫星只搜索该频段内的目标。

b）覆盖范围：相机的半锥角，设置载荷搜索大小。

c）测角精度：模拟出的搜索误差，当协议发包时加在目标经纬度上进行发送。

d）目标最大个数/包：设置协议发包中每一包携带的目标个数。

e）引导包发送间隔：每个引导包发送的频率。

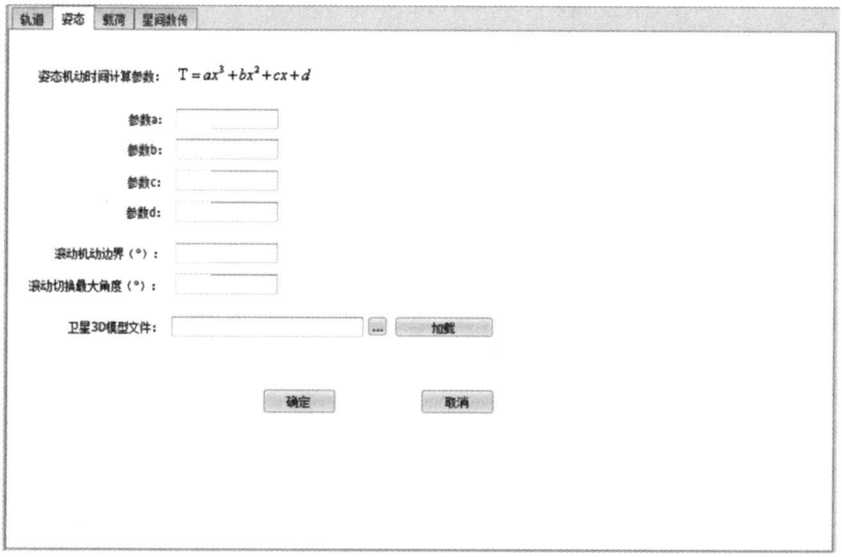

图 9 - 15　姿态设置界面

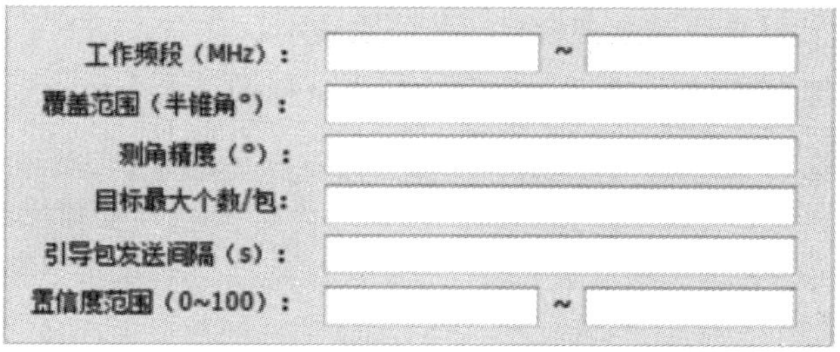

图 9 - 16　搜索类载荷设置面

f) 置信度范围：一个指定范围内的随机数，表示载荷的可靠程度。

2) 成像类载荷。

成像类载荷如图 9 - 17 所示。

图 9 - 17 中各参数的含义如下。

a) 分辨率：设置成像时的清晰度。

b) 姿态偏置：卫星初始时的侧摆角。

c) 幅宽视场角垂直：矩形相机的垂直方向的长度。

d) 视场角水平：矩形相机的水平方向的长度。

e) 视线俯仰角：载荷俯仰角的大小。

f) 太阳高度角约束：用于协议传输参数。

g) 单次任务资源消耗：用于协议传输参数。

h) $dt_0 \sim dt_5$：控制成像时长的各个时间段长短。

i) 成像时长：成像时间总长度。

j) 置信度：卫星的可靠程度。

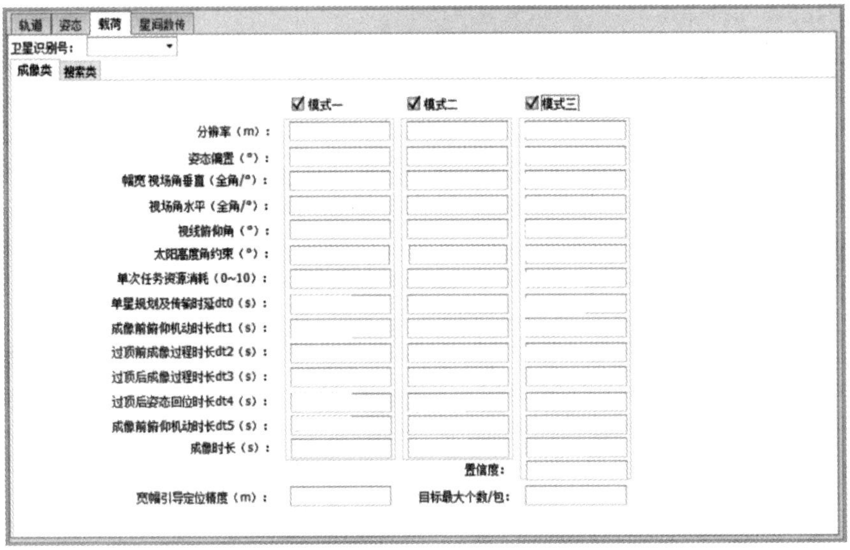

图 9-17 成像类载荷设置界面

k）宽幅引导定位精度：宽幅搜索目标的位置精度；

l）目标最大个数/包：每个载荷引导包中所含目标的最大个数。

（4）星间数传设置界面

图 9-18 为卫星的星间数传设置界面，可以对天线安装矢量和反馈包数据进行设置。天线安装矢量可以设置其本体系 X、Y、Z 的参数；反馈包数据可以设置反馈包的数传有效时刻、传输时长及可传输最近时刻，为后续协议传输的数据做准备。

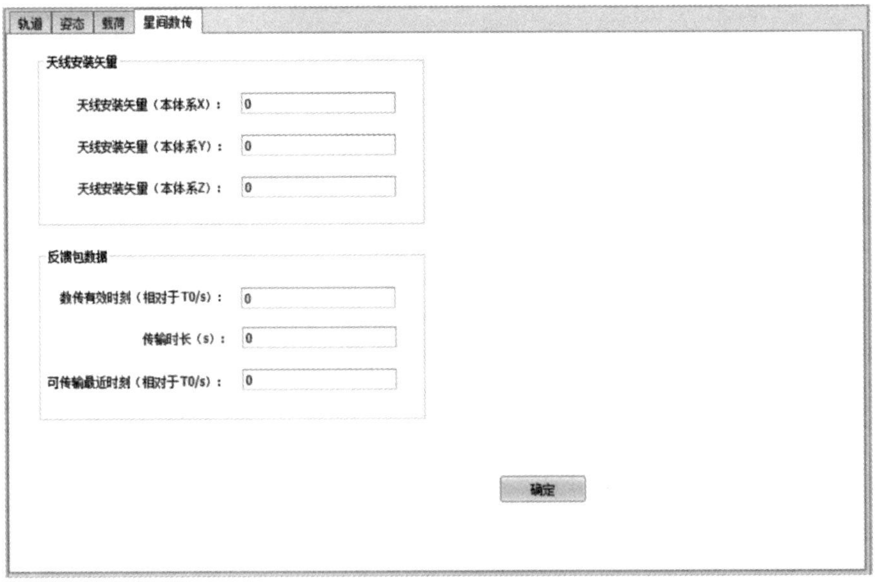

图 9-18 星间数传设置界面

图 9－18 所示界面是卫星属性配置模块的最后一个选项卡，单击“确定”按钮，会保存用户设置的关于卫星的所有参数，将所有卫星的参数用几个类进行归类处理。将卫星共有的参数如轨道、姿态、星间数传等整理为一个类；成像类和搜索类卫星继承主类，并拥有自己独有的载荷特性。卫星配置模块流程如图 9－19 所示。

开始
卫星配置
轨道
姿态
载荷
星间数传
数据回读
保存为.xml文件
结束

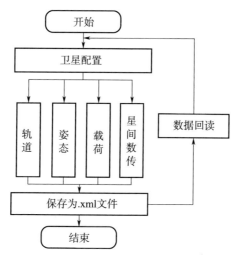

图 9－19　卫星配置模块流程

9.3.4　目标选取模块

此模块用于提供目标选择功能，在 3D 和 2D 模式下根据用户自身的要求，选择随机批量生成目标或手动选择生成每个目标。

（1）目标选取界面介绍

目标选取界面如图 9－20 所示，所包含参数的具体含义如下。

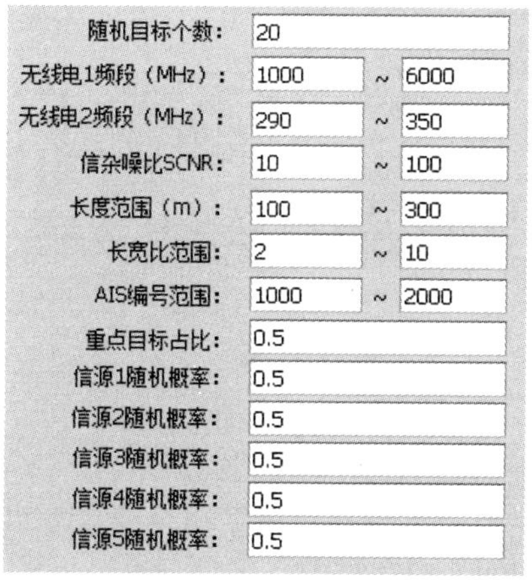

随机目标个数：20
无线电1频段（MHz）：1000 ~ 6000
无线电2频段（MHz）：290 ~ 350
信杂噪比SCNR：10 ~ 100
长度范围（m）：100 ~ 300
长宽比范围：2 ~ 10
AIS编号范围：1000 ~ 2000
重点目标占比：0.5
信源1随机概率：0.5
信源2随机概率：0.5
信源3随机概率：0.5
信源4随机概率：0.5
信源5随机概率：0.5

图 9－20　目标选取设置

1）随机目标个数：设置随机的目标点个数。

2）无线电 1 频段/无线电 2 频段：一个指定范围内的随机数，若目标此项参数在频段内，则能被卫星扫描到的区域内搜索到，反之则无法搜索到。

  3）信杂噪比：一个指定范围内的随机数，若目标此项参数小于主动搜索卫星中的阈值，则代表能被卫星扫描到的区域内搜索到，反之则无法搜索到。

  4）长度范围/长宽比范围：一个指定范围内的随机数，表示目标的大小。

  5）AIS 编号范围：一个指定范围内的随机数，随机给定目标一个 AIS 编号，代表一个 AIS 标识。

  6）重点目标占比：重点类型目标占总目标的比例。

  7）信源随机概率：随机生成的目标中能被某信源载荷发现的概率。

  （2）在目标编辑区域可对 3D 地球和 2D 地图上的目标进行编辑

目标生成与选取的操作步骤如下。

  1）选取目标点：在 2D 视图下选取目标生成区域。

  2）完成目标选取：确定目标区域顶点的经纬度。

  3）随机生成：在指定区域内生成指定个数的目标。

  4）编辑：对已经选择好的区域进行编辑，会自动转到 3D 视图下。

  5）确定、应用、取消：对编辑后的目标区域进行对应的操作。

  根据任务需求提供的任务目标库用于存储用户选择的目标数据，其总体功能如图 9-21 所示。

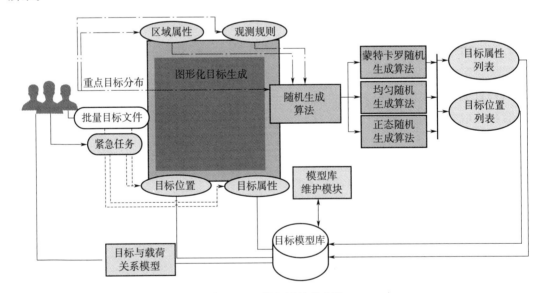

图 9-21 任务目标库功能

  在仿真用户指定区域内进行目标制定，根据用户要求的区域属性和观测规则，系统采用随机生成算法（包括蒙特卡罗随机生成算法、均匀随机生成算法、正态随机生成算法等）生成区域中的待搜索目标，并生成目标属性列表及目标位置列表。支持用户批量处理注入目标群信息，且支持用户临时插入紧急任务。

9.3.5　动画仿真模块

该软件可以根据用户、数字仿真软件或算法提供的各个卫星的数据完成多星轨道运行仿真功能。将仿真数据、实验数据、在轨数据和自定义数据输入软件中，利用内置算法得到结果，再将结果通过数字仿真软件控件进行 2D 与 3D 显示，实现多星轨道运行仿真功能。多星轨道运行仿真如图 9 - 22 所示。

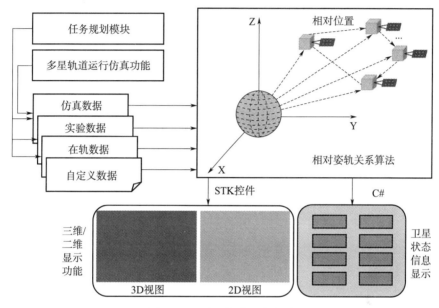

图 9 - 22　多星轨道运行仿真

将卫星参数、场景参数、目标参数配置好后，将会在此处用动画效果显示出来，其基本流程如图 9 - 23 所示。

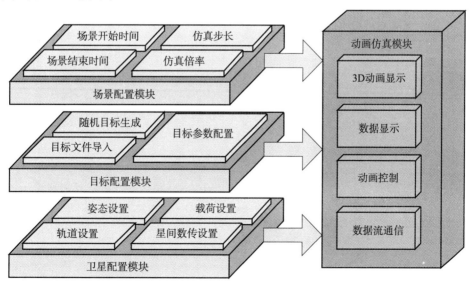

图 9 - 23　动画仿真流程图

动画仿真主界面 3D 视图如图 9 - 24 所示。

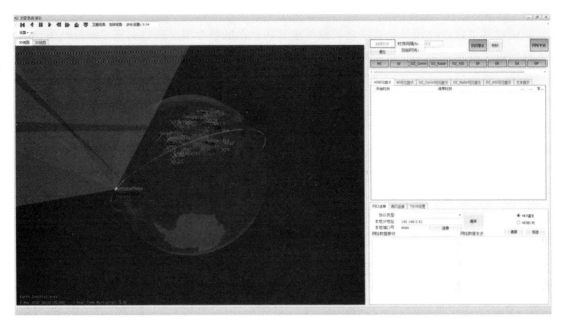

图 9 - 24　动画仿真主界面 3D 视图

9.4　小结

本章针对多星协同星仿真验证系统开展设计，介绍了仿真验证系统的研究现状及效能评估方法，并给出了多星协同仿真系统的设计思路、仿真模式、系统组成、层次结构及工作流程。最后，从人机界面和程序逻辑等方面给出场景仿真系统的模块设计，具有很强的工程应用与设计借鉴价值。

参 考 文 献

［1］ MORRIS R A, DUNGAN J L, BRESINA J L. An information infrastructure for coordinating earth science observations ［C］//2nd IEEE International Conference on Space Mission Challenges for Information Technology（SMC－IT'06）. IEEE，2006：8－404.

［2］ COVELLO F, BATTAZZA F, COLETTA A, et al. COSMO－SkyMed an existing opportunity for observing the Earth ［J］. Journal of Geodynamics，2010，49（3－4）：171－180.

［3］ GASSER U, WEEKS E R, SCHOFIELD A, et al. Real－space imaging of nucleation and growth in colloidal crystallization ［J］. Science，2001，292（5515）：258－262.

［4］ 魏晨曦. 欧空局任务规划系统（MPS）的发展 ［C］. 第二十四届全国空间探测学术交流会论文摘要集 ［C］. 中国空间科学学会，2011：5.

［5］ GLOBUS A, CRAWFORD J, LOHN J, et al. Scheduling earth observing satellites with evolutionary algorithms：Problems description and approach ［J］. Proceedings of the 3rd International NASA Workshop on planning and Scheduling for Space. NASA，2003.

［6］ BIANCHESSI N. Planning and scheduling problems for earth observation satellites：Model and algorithms ［D］. Milano，Italy：Universit' a degli studi di Milnamo，2006.

［7］ RUSSELL S, NORVIG P. Artificial intelligence：a modern approach ［M］. Upper Saddle River：Prentice Hall，2004.

［8］ TICKER R L, AZZOLINI J D. 2000 Survey of distributed spacecraft technologies and architectures for NASA's earth science enterprise in the 2010－2025 timeframe ［R］. NASA/TM，2000：209－964.

［9］ 周碧莹. 基于强化学习的中低轨卫星网络系统资源调度技术研究 ［D］. 合肥：安徽大学，2020.

［10］ 刘锋. 遥感卫星系统任务效能评估方法研究 ［D］. 北京：中国科学院大学（中国科学院国家空间科学中心），2017.

［11］ 王冲. 基于 Agent 的对地观测卫星分布式协同任务规划研究 ［D］. 长沙：国防科技大学，2011.

［12］ 吴文昭. 分布式卫星系统构形调整规划研究 ［D］. 长沙：国防科技大学，2007.

［13］ 胡峰，孙国基. 航天仿真技术的现状及展望 ［J］. 系统仿真学报，1999（2）：13－18.